对接世界技能大赛技术标准创新系列教材
技工院校一体化课程教学改革服装设计与制作专业教材

传统中式服装制作

人力资源社会保障部教材办公室　　组织编写

孔祥玲　主编

中国劳动社会保障出版社

world skills
China

简介

本书紧紧围绕职业院校对服装设计与制作专业人才的培养目标，紧扣企业工作实际，介绍了传统中式服装制作的有关知识。本书以国家职业标准和"服装设计与制作专业国家技能人才培养标准及一体化课程规范（试行）"为依据，以企业需求为导向，充分借鉴世界技能大赛的先进理念、技术标准和评价体系，促进服装设计与制作专业教学与世界先进标准接轨。本书采用一体化教学模式编写，穿插介绍了世界技能大赛的有关知识，并附有部分拓展性内容，便于开展教学。

本书由孔祥玲任主编，沙宁任副主编，陈玉红、周祥参与编写，柏昕任主审。

图书在版编目（CIP）数据

传统中式服装制作 / 孔祥玲主编 . –– 北京：中国劳动社会保障出版社，2023

对接世界技能大赛技术标准创新系列教材

ISBN 978–7–5167–5882–3

Ⅰ.①传…　Ⅱ.①孔…　Ⅲ.①民族服饰 – 制作 – 中国 – 教材　Ⅳ.①TS941.742.8

中国国家版本馆 CIP 数据核字（2023）第 192973 号

中国劳动社会保障出版社出版发行

（北京市惠新东街 1 号　邮政编码：100029）

*

北京市艺辉印刷有限公司印刷装订　　新华书店经销

787 毫米 ×1092 毫米　16 开本　20 印张　342 千字

2023 年 11 月第 1 版　　2023 年 11 月第 1 次印刷

定价：39.00 元

营销中心电话：400–606–6496

出版社网址：http://www.class.com.cn

http://jg.class.com.cn

对接世界技能大赛技术标准创新系列教材

编审委员会

主　任：张立新

副主任：张　斌　王晓君　刘新昌　冯　政

委　员：王　飞　翟　涛　杨　奕　张　伟　赵庆鹏

　　　　姜华平　杜庚星　王鸿飞

服装设计与制作专业课程改革工作小组

课改校：江苏省盐城技师学院

　　　　广州市工贸技师学院

　　　　广州白云工商技师学院

　　　　重庆市工贸高级技工学校

技术指导：李　宁

编　辑：丁　群

本书编审人员

主　编：孔祥玲

副主编：沙　宁

参　编：陈玉红　周　祥

主　审：柏　昕

序

世界技能大赛由世界技能组织每两年举办一届，是迄今全球地位最高、规模最大、影响力最广的职业技能竞赛，被誉为"世界技能奥林匹克"。我国于 2010 年加入世界技能组织，先后参加了五届世界技能大赛，累计取得 36 金、29 银、20 铜和 58 个优胜奖的优异成绩。2019 年 9 月，习近平总书记对我国选手在第 45 届世界技能大赛上取得佳绩作出重要指示，并强调，劳动者素质对一个国家、一个民族发展至关重要。技术工人队伍是支撑中国制造、中国创造的重要基础，对推动经济高质量发展具有重要作用。要健全技能人才培养、使用、评价、激励制度，大力发展技工教育，大规模开展职业技能培训，加快培养大批高素质劳动者和技术技能人才。要在全社会弘扬精益求精的工匠精神，激励广大青年走技能成才、技能报国之路。

为充分借鉴世界技能大赛先进理念、技术标准和评价体系，突出"高、精、尖、缺"导向，促进技工教育与世界先进标准接轨，完善我国技能人才培养模式，全面提升技能人才培养质量，人力资源社会保障部于 2019 年 4 月启动了世界技能大赛成果转化工作。根据成果转化工作方案，成立了由世界技能大赛中国集训基地、一体化课改学校，以及竞赛项目中国技术指导专家、企业专家、出版集团资深编辑组成的对接世界技能大赛技术标准深化专业课程改革工作小组，按照创新开发新专业、升级改造传统专业、深化一体化专业课程改革三种对接转化原则，以专业培养目标对接职业描述、专业课程对接世界技能标准、课程考核与评价对接评分方案等多种操作模式和路径，同时融入健康与安全、绿色与环保及可持续发展理念，开发与世界技能大赛项目对接的专业人才培养方案、教材及配套教学资源。首批对接 19 个世界技能大赛项目共 12 个专业的成果将陆续出版，主要用于技工院校日常专业教学工作中，充分发挥世界技能大赛成果转化对技工院校技能人才的引领示范作用。在总结经验及调研的基础上选择新的对接项目，陆续启动第二批等世界技能大赛成果转化工作。

希望全国技工院校将对接世界技能大赛技术标准创新系列教材，作为深化专业课程建设、创新人才培养模式、提高人才培养质量的重要抓手，进一步推动教学改革，坚持高端引领，促进内涵发展，提升办学质量，为加快培养高水平的技能人才作出新的更大贡献！

2020 年 11 月

目 录

学习任务一
男式唐装短衫制作

学习目标

1. 能识读男式唐装短衫生产工艺单的内容，明确加工内容、加工数量、工期等生产要求和工艺要求，按要求领取工具和材料。

2. 能核对男式唐装短衫裁剪样板，对面辅料的色差、疵点、纬斜、脏残、倒顺等问题进行检查并标记；能根据面料特性进行预缩、熨烫等处理；能正确排版、裁剪。

3. 能根据男式唐装短衫结构特点、工艺要求和面料特性，合理选择、调试、使用和维护加工设备，按照生产安全防护规定，执行安全操作规程。

4. 能根据任务要求，合理确定工艺制作方法，独立完成基础的服装缝制，做到缝份宽窄一致，熨烫到位，领子服帖，左右对称，吃势均匀，止口平整、顺直，不豁不搅。在缝制过程中能记录疑难点。

5. 能使用专业术语与相关人员进行有效沟通，妥善解决制作过程中的疑难问题。

6. 能按照成品质量检验标准（可参考世界技能大赛时装技术项目标准）对男式唐装短衫进行自检、修改，确保成品质量。

7. 能按照工作流程和要求，对合格成品、样板和相关技术资料进行整理保管。

8. 能正确使用、保养设备并认真填写设备使用记录表。

9. 在工作过程中，能遵守"8S"管理规定，养成认真负责、规范有序、严谨细致、保证质量等良好的职业素养。

建议学时

40 学时。

学习任务描述

假设你是一名样衣师，服装公司生产部门接到男式唐装短衫制作任务，要求制作一件男式唐装短衫，在 6 小时内完成制作。生产部门将该任务交给样衣师。

样衣师接到任务并明确目标后，将缝制工具、设备，男式唐装短衫全套裁剪样板和面辅料准备到位，独立完成单件男式唐装短衫制作所需面辅料的裁剪，并对裁片进行检查、整理和分类。裁剪时需注意面料特性，检查裁片是否齐全，刀口是否到位，任务中是否有倒顺和对条、对格等特殊工艺要求，然后在车缝工位上按照生产工艺要求和拟定的制作工艺流程，运用平缝机、熨斗、布馒头、烫台等整烫设备进行男式唐装短衫成品制作。制作时需注意拼缝要顺直，缝头要一致，点位要对齐，吃缝要均匀，熨烫要到位。制作结束后及时切断设备电源，并按照生产工艺单的要求进行成品质量检验，复核各部位的测量尺寸，判断男式唐装短衫成品是否合格，若成品质量未达要求则及时修正。制作结束后，清扫场地，清理机台，归置物品，填写设备使用记录表，提交男式唐装短衫成品并进行展示和评价。

学习活动

1. 男式唐装短衫工艺文件识读
2. 男式唐装短衫制作前期准备
3. 男式唐装短衫排料、裁剪
4. 男式唐装短衫缝制、熨烫
5. 男式唐装短衫成品质量检验

学习活动 1
男式唐装短衫工艺文件识读

🎯 学习目标

1. 能严格遵守工作制度，服从工作安排，按要求准备男式唐装短衫制作所需的工具、设备、材料与各项工艺文件。

2. 能正确识读男式唐装短衫制作的各项工艺文件，明确男式唐装短衫制作的流程、方法和注意事项。

3. 能查阅相关技术资料，制订符合男式唐装短衫制作任务要求的计划，并在教师的指导下，通过小组讨论做出决策。

4. 能依据工艺文件要求，结合男式唐装短衫制作规范，独立完成男式唐装短衫工艺文件识读、检查与复核工作。

5. 能正确填写或编制男式唐装短衫的相关工艺文件。

6. 能记录男式唐装短衫工艺文件识读过程中的疑难点，在教师的指导下，通过小组讨论、合作探究或独立思考的方式提出妥善的问题解决办法，并在实践中解决问题。

7. 能按照工作流程和要求，进行资料归类和制作现场整理。

8. 能展示、评价男式唐装短衫工艺文件识读各阶段的成果，并根据评价结果，做出相应反馈。

一、学习准备

1. 准备服装制作学习工作室中的缝制设备与工具、整烫设备与工具。

2. 准备劳保服装、安全操作规程、生产工艺单、男式唐装短衫缝制工艺相关学材。

3. 划分学习小组（每组5~6人），将分组信息填写在小组编号表（见表1-1-1）中。

表 1-1-1　　　　　　　　　　　　小组编号表

组号	组内成员及编号	组长姓名	组长编号	本人姓名	本人编号

 提示

　　请同学们自己检查一下，劳保服装有没有穿戴好？手机是否已经放入手机袋？请仔细阅读安全操作规程，将其要点摘录下来。

_____

_____

_____

二、学习过程

（一）明确工作任务，获取相关信息

1. 知识学习

　　现代常见的唐装由清代的马褂演变而来，其款式特征是前衣片分为左、右两片，立式领型，袖子是连袖（袖子与衣身没有拼缝，以平面裁剪为主），对襟（也可以是斜襟），盘扣（扣子由纽结和纽襻两部分组成）。制作唐装的面料通常是织锦缎、棉布、麻等。

 引导问题

请同学们查阅资料，谈一谈男式唐装短衫的演变过程。

_____

_____

 讨论

请同学们对照男式唐装短衫实物，分析男式唐装短衫的款式特征。

_____

_____

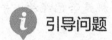 **小贴士**

　　唐装中的"唐"并不一定特指唐朝，而是泛指中国。由于唐朝对海外的影响巨大，外国人普遍把中国的事物冠以"唐"名。因此，"唐装"并不一定专指唐朝服装，而通常泛指现代中国人所穿的传统服装。唐装最早出现在清朝时期，真正繁盛却是在现代。

---

2. 学习检验

引导问题

（1）在教师的引导下，独立填写学习活动简要归纳表（见表1-1-2）。

表1-1-2　　　　　　　　　　学习活动简要归纳表

本次学习活动的名称	
本次学习活动的主要目标	
本次学习活动的内容	
本次学习活动中实现难度较大的地方	

（2）请同学们对照男式唐装短衫实物，分析男式唐装短衫的主要工艺要求。

_____

_____

 讨论

常见的男式唐装短衫有哪些色彩？

_____

_____

_____

查询与收集

通过网络浏览或资料查阅，在教师的指导下，分析不同时期男式唐装短衫的色彩特征。

_____

_____

_____

_____

📋 小贴士

　　唐装的色彩绚烂而充满爆发力，给人无限的遐想空间。唐装颜色多是红色、绿色、蓝色、黑色、咖啡色等，其中，比较常用的颜色是蓝色。在我国古代，色彩的使用有严格的等级制度，例如，唐高宗明令赤黄色为皇帝服装的专用色彩，臣民一律不许使用，这奠定了黄色在中国传统文化中的重要地位。

ⓘ 引导问题

在教师的指导下，请同学们分析现代男式唐装短衫应如何选择色彩。

_____

_____

_____

_____

🔍 引导评价、更正与完善

　　在教师讲评引导的基础上，对本阶段的学习活动成果进行自我评价和小组评价（100 分制），然后根据评价结果用红笔对本阶段引导问题的回答进行更正和完善。

项目	类别	分数	项目	类别	分数
个人自评分	关键能力		小组评分	关键能力	
	专业能力			专业能力	

（二）制订男式唐装短衫工艺文件识读的计划并决策

1. 知识学习

　　学习制订计划的基本方法、内容和注意事项，重点围绕学习活动展开。

　　制订计划的参考意见：整个工作的内容和目标是什么？整个工作分几步实施？过程中要注意哪些问题？小组成员之间应如何配合？出现问题应如何处理？

2. 学习检验

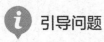 引导问题

（1）请简要写出你所在小组的工作计划。

_____

_____

_____

（2）你在制订计划的过程中承担了哪些工作？有什么体会？

_____

_____

_____

（3）教师对小组的计划给出了哪些修改建议？为什么？

_____

_____

_____

（4）你认为计划中哪些地方比较难实施？为什么？你有什么想法？

_____

_____

_____

（5）小组最终做出了什么决定？决定是如何做出的？

_____

_____

_____

引导评价、更正与完善

在教师讲评引导的基础上，对本阶段的学习活动成果进行自我评价和小组评价（100 分制），然后根据评价结果用红笔对本阶段引导问题的回答进行更正和完善。

项目	类别	分数	项目	类别	分数
个人自评分	关键能力		小组评分	关键能力	
	专业能力			专业能力	

（三）男式唐装短衫工艺文件识读的实施

1. 知识学习

（1）男式唐装短衫的款式特点和基本结构样板的分析确认。

男式唐装的基本特征为立领、对襟。立领是中国传统服装中典型的领型。男式唐装立领的外边缘与门襟止口处用镶色料绲边；前衣片有两片，无省、无褶，前门襟有五对一字盘扣；后衣片有两片，背缝拼缝；连身袖；左右摆缝处开摆衩。

这些看似简单的款式紧紧抓住了中国传统服装的特征，例如立领、对襟和手工制作的盘扣。《礼记》一书提到"袂圜以应规，曲袼如矩以应方；负绳及踝以应直，下齐如权衡以应平"，意思是士大夫的衣服袖口应是圆的，领子应是方的，背缝应是直的，下摆应是平的，寓意正直、公平等作风。

男式唐装短衫的基本结构样板如下所示。

1）男式唐装短衫前衣片、后衣片、袖片框架图（见图 1-1-1）。

2）男式唐装短衫领圈结构图（见图 1-1-2）。

3）男式唐装短衫下摆结构图（见图 1-1-3）。

4）男式唐装短衫立领结构图（见图 1-1-4）。

（注：如无特殊说明，本书示意图中数字单位均为 cm）。

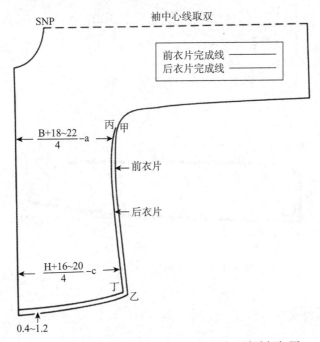

图 1-1-1　男式唐装短衫前衣片、后衣片、袖片框架图

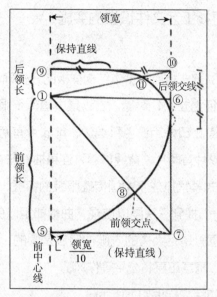

图 1-1-2　男式唐装短衫领圈结构图

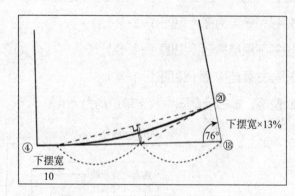

图 1-1-3　男式唐装短衫下摆结构图

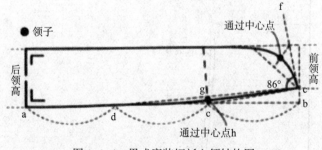

图 1-1-4　男式唐装短衫立领结构图

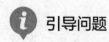 引导问题

（1）根据上述图片，思考前衣片与后衣片胸宽之差的计算公式，对于腹围大于

胸围的体型，前衣片与后衣片的胸宽应如何处理？

_____

_____

（2）当男式唐装短衫穿着者体型较小时，制图过程中应如何调整前、后身之差？

_____

_____

（2）所需面辅料种类和件数的确认。

1）面料（见表1-1-3和表1-1-4）。

表 1-1-3　　　　　　　　面料裁片表（一）

名称	前、后衣片	袖口贴边	档条	领口贴边	领面	领底
纱向	直纱	横纱	直纱	直纱	直纱	直纱
件数	2	2	1	1	1	1

表 1-1-4　　　　　　　　面料裁片表（二）

名称	大口袋	小口袋	内袋	衩贴边	前襟贴边
纱向	直纱	直纱	直纱	直纱	直纱
件数	2	1	1	4	2

2）衬料（见表1-1-5）。

表 1-1-5　　　　　　　　衬料裁片表

名称	袋口衬	有纺衬	袖口衬
纱向	横纱	横纱	直纱
件数	2	2	2

3）零辅料（见表1-1-6）。

表 1-1-6　　　　　　　　零辅料裁片表

名称	规格与要求	单位用料
盘扣	颜色同衣身面料，扣结直径1.5 cm，扣襻直径2 cm	5对盘扣

续表

名称	规格与要求	单位用料
嵌条	宽 1~1.5 cm，斜丝	若干米
缝纫线	颜色同衣身面料，衣线	若干米
锁钉线	颜色同衣身面料，丝线	若干根

 讨论

当使用织锦缎面料制作男式唐装短衫时，为了保证织锦缎面料图案的完整性，男式唐装短衫贴袋的图案应如何处理？

_____

_____

_____

（3）男式唐装短衫生产工艺单。

男式唐装短衫生产工艺单见表 1-1-7。

表 1-1-7　　　　　　　　男式唐装短衫生产工艺单

订单号	CTFSTZ—1		客户名称						
款式号	NSTZDS01	样衣尺码	M	制作人		日期	年	月	日
款式名称	男式唐装短衫								
款式图									
款式说明	宽松直筒造型，立领，对襟，钉 5 对一字盘扣；左前胸贴袋 1 只，左右前衣片大贴袋各 1 只；连袖，平袖口，下摆开衩								
样衣尺寸表	号型规格	部位	衣长	领围	胸围	肩宽	背长	袖长	
	170/88A	尺寸（cm）	72	39	112	48	44	59	

续表

面料及颜色	精纺全棉、杏色		
辅料要求	商标主标 1 个，洗水标 1 个，吊牌、条形码 2 个，领衬 1 条，与面料同色线 1 团，纽条棉线芯 4~6 条		
制版与裁剪要求	1.制版要考虑服装的款式特征、面料特性和工艺要求；版型结构要合理，尺寸符合规格要求，对合部位长短一致；缝份、折边量符合要求 2.样板齐全，数量准确；剪口、钻孔等位置正确，标注规范、齐全 3.排料要避开面辅料中可能存在的色差、疵点、纬斜、脏残、倒顺；排料合理，丝缕方向正确；裁片数量齐全		
工艺要求	1.采用 11 号机针缝制，线迹密度为 13~14 针 /3 cm，线迹松紧适度 2.领子烫领角衬；领头两边圆顺对称，有窝势；领子翘势合理；领圈不起皱 3.贴袋用支力布垫于袋口之下一起车缝，内口袋尺寸要比外口袋小 0.5 cm 4.领圈、前襟、衩、下摆、袖口全部贴边 5.纽条内需要夹棉线芯，扣坨结实饱满，直脚纽襻的扣脚与扣坨的扣脚长短一致		
后整理及包装要求	1.产品要整洁，不能有污渍、线头，各部位熨烫平服 2.单件产品放入单独包装袋，袋上应有品牌标记、尺码说明和条形码		
审批		日期	

2. 技能训练

 实践

请同学们对男式唐装短衫进行测量，并填写男式唐装短衫的规格表（见表 1-1-8）。

表 1-1-8　　　　　　　　　男式唐装短衫的规格表

部位	前衣长	后衣长	背长	领围	胸围	肩宽	袖长	前领高	后领高
净体规格									
成品尺寸									

 引导问题

有些男式唐装短衫面料裁片是直纱，有些是横纱，这两者之间的区别是什么？

3. 学习检验

（1）请同学们在教师的指导下，参照世界技能大赛评分标准，完成男式唐装短衫工艺文件的识读检验，并独立填写男式唐装短衫工艺文件的识读评分表（见表1-1-9）。

表1-1-9　男式唐装短衫工艺文件的识读评分表（参照世界技能大赛评分标准）

序号	分值	评分内容	评分标准	得分
1	30	款式特点的分析	完成得分，未完成不得分	
		基本结构样板的确认		
2	30	所需面辅料种类的确认	完成得分，未完成不得分	
		所需面辅料件数的确认		
3	30	生产工艺单的识读	完成得分，未完成不得分	
4	10	工作结束后，工作区要整理干净，物品摆放整齐，关闭电源	有一项不到位扣5分，扣完为止	
合计得分				

（2）请同学们以小组为单位，集中填写设备使用记录表（见表1-1-10）。

表1-1-10　　　　设备使用记录表

使用设备名称		是否正常使用	
		是	否，是如何处理的
裁剪设备			
缝制设备			
整烫设备			

引导评价、更正与完善

在教师讲评引导的基础上，对本阶段的学习活动成果进行自我评价和小组评价（100分制），然后根据评价结果用红笔对本阶段引导问题的回答进行更正和完善。

项目	类别	分数	项目	类别	分数
个人自评分	关键能力		小组评分	关键能力	
	专业能力			专业能力	

（四）成果展示与评价反馈

1. 知识学习

任务完成后，需要对任务成果进行展示和评价，并对评价做出相应反馈。

（1）展示的基本方法：平面展示法、人台展示法和其他展示法。

平面展示法是将成品平铺在工作台上进行展示的方法。

人台展示法是将成品穿在人台上进行展示的方法。

其他展示法主要包括真人穿着展示和衣架悬挂展示等。

（2）评价的基本方法：观察法、比对法等。

观察法是指通过肉眼观察判断成品品质的一种评价方法。

比对法是指将成品与同学们的成品进行比对，检测成品是否一致的一种评价方法。

2. 技能训练

 实践

将任务成果贴在黑板或白板上进行悬挂展示。

3. 学习检验

 引导问题

（1）在教师的指导下，小组内进行作品展示，然后经由小组讨论，推选出一组最佳作品，进行全班展示与评价，并由组长简要介绍推选的理由，小组其他成员做补充并记录。

小组最佳作品制作人：_____

推选理由：_____

_____

其他小组评价意见：_____

教师评价意见：_____

（2）将本次学习活动中出现的问题及其产生的原因和解决的办法填写在问题分

析及解决表（见表 1-1-11）中。

表 1-1-11　　　　　　　　问题分析及解决表

出现的问题	产生的原因	解决的办法
1.		
2.		
3.		
4.		

 自我评价

就本次学习活动中自己最满意的地方和最不满意的地方各列举一点，并简要说明原因，然后完成学习活动考核评价表（见表 1-1-12）的填写。

最满意的地方：_____

_____

最不满意的地方：_____

_____

表 1-1-12　　　　　　　　学习活动考核评价表

学习活动名称：男式唐装短衫工艺文件识读

班级：　　　　学号：　　　　姓名：　　　　指导教师：

评价项目	评价标准	评价依据	评价方式及权重			权重	得分小计	总分
			自我评价	小组评价	教师（企业）评价			
			10%	20%	70%			
关键能力	1. 能穿戴劳保服装，执行安全操作规程 2. 能参与小组讨论，制订计划，相互交流与评价 3. 能积极参与学习活动 4. 能清晰、准确表达，与相关人员进行有效沟通 5. 能清扫场地，清理机台，归置物品，填写设备使用记录表	1. 课堂表现 2. 工作页填写				40%		

续表

评价项目	评价标准	评价依据	评价方式及权重			权重	得分小计	总分
			自我评价	小组评价	教师（企业）评价			
			10%	20%	70%			
专业能力	1. 能区分不同类型的唐装 2. 能叙述男式唐装短衫的制作任务要求和生产工艺单的各项要求 3. 能识读男式唐装短衫生产工艺单，叙述制作流程 4. 能按照企业标准或世界技能大赛评分标准对男式唐装短衫工艺文件的识读结果进行检验，并进行展示	1. 课堂表现 2. 工作页填写 3. 提交的成品质量				60%		
指导教师综合评价								
	指导教师签名：		日期：					

三、学习拓展

说明：本阶段学习拓展建议课时为 2~4 课时，要求学生在课后独立完成。教师可根据本校的教学需要和学生的实际情况，选择部分或全部进行实践，也可另行选择相关拓展内容。

拓展

图 1-1-5 所示的是一款双面男式唐装短衫，面料为棉麻混纺面料（亚麻 50%，棉 50%），请同学们按 175/92A 的号型规格在表 1-1-13 中制定双面男式唐装短衫的成品规格，并独立完成双面男式唐装短衫结构图的绘制。

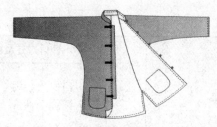

图 1-1-5　双面男式唐装短衫

表 1-1-13　　　　　　　双面男式唐装短衫的成品规格表

部位	前衣长	后衣长	背长	领围	胸围	肩宽	袖长	前领高	后领高
净体规格									
成品尺寸									

查询与收集

请同学们通过查阅相关学材或企业的生产工艺单，选择一份男式唐装短衫的生产工艺单，摘录其工艺要求和制作流程。

_____

_____

学习活动 2
男式唐装短衫制作前期准备

🎯 学习目标

1. 能严格遵守工作制度，服从工作安排，按要求准备好男式唐装短衫制作前期准备所需的工具、设备、材料与各项工艺文件。

2. 能查阅相关技术资料，制订男式唐装短衫制作的计划，并在教师的指导下，通过小组讨论做出决策。

3. 能依据工艺文件要求，结合男式唐装短衫制作规范，独立完成男式唐装短衫制作前期准备工作。

4. 能按照企业标准（或参照世界技能大赛评分标准）对男式唐装短衫制作前期准备工作进行检验，并依据检验结果修正相关问题。

5. 能记录男式唐装短衫制作前期准备工作过程中的疑难点，在教师的指导下，通过小组讨论、合作探究或独立思考的方式提出妥善的问题解决办法，并在实践中解决问题。

6. 能展示、评价男式唐装短衫制作前期准备各阶段的成果，并根据评价结果，做出相应反馈。

一、学习准备

1. 准备服装制作学习工作室中的缝制设备与工具、整烫设备与工具。

2. 准备劳保服装、安全操作规程、生产工艺单、男式唐装短衫缝制工艺相关学材。

3. 划分学习小组（每组5~6人），将分组信息填写在小组编号表（见表1-2-1）中。

表 1-2-1　　　　　　　　　　小组编号表

组号	组内成员及编号	组长姓名	组长编号	本人姓名	本人编号

 提示

请同学们自己检查一下，劳保服装有没有穿戴好？手机是否已经放入手机袋？请仔细阅读安全操作规程，将其要点摘录下来。

_____

_____

二、学习过程

（一）明确工作任务，获取相关信息

1. 知识学习

 引导问题

男式唐装短衫通常使用哪些面料制作？

_____

_____

小贴士

传统的唐装一般采用天然纤维制作。因穿着舒适、美观，丝绸有"面料女皇"之称，大多数唐装选用丝绸作为面料。丝绸最大的优点就是色泽亮丽，质地柔软，穿起来滑爽舒适，缺点是容易起皱。真丝织锦缎是丝织物中的极品，在21世纪初的 APEC 第九次领导人非正式会议中，与会经济体领导人在上海科技馆楼前合影时所穿的唐装就是由传统的真丝织锦缎制作而成的，唐装上均绣有精美生动，并且寓意着吉祥美好的团花纹样图案，成了现场一道亮丽的风景线。

在当今的服装市场中，唐装的面料不仅仅局限于传统的真丝织锦缎，还包括休闲服装常用的牛仔布料、真皮材料等。真皮材料与唐装的结合不但保留了唐装本身的雍容与华贵，而且在此风格基础上增强了唐装的可用性。

讨论

请同学们仔细观察自己和小组其他成员所穿的服装，分析并写出不同风格的服装所用的不同面料，并进行小组讨论，简述讨论结果。

 引导问题

请同学们在常见面料识别表（见表1-2-2）中面料图片的下方填写对应的面料名称。

表1-2-2　　　　　　　　　　常见面料识别表

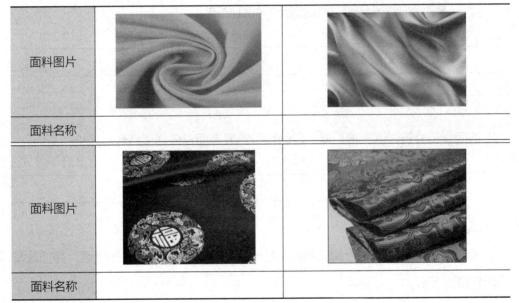

面料图片		
面料名称		
面料图片		
面料名称		

> **小贴士**
>
> 　　唐装一般以真丝、织锦缎等为主要面料。而未经处理的真丝、织锦缎等天然面料通常会缩水，所以在选购面料时要询问商家是否已对面料做过缩水处理。如果是请裁剪师制作服装的话，应提前说明面料情况，以免服装洗过之后无法再穿。购买染色面料来制作唐装时，可以先用手摩擦一下，检查面料是否掉色。
>
> 　　在挑选服装面料时，也应结合服装穿着者的特点进行选择。年轻人和老年人适合的面料是不同的。

2. 学习检验

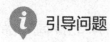 引导问题

（1）在教师的引导下，独立填写学习活动简要归纳表（见表 1-2-3）。

表 1-2-3　　　　　　　　　学习活动简要归纳表

本次学习活动的名称	
本次学习活动的主要目标	
本次学习活动的内容	
本次学习活动中实现难度较大的地方	

（2）请同学们叙述丝绸和织锦缎面料的优缺点。

_____

_____

💬 讨论

请同学们分析讨论，棉、麻、丝绸和织锦缎等面料分别适合什么风格的唐装？

_____

_____

📷 查询与收集

通过网络浏览或资料查阅，归纳总结常见的服装面料都有哪些特点，并把收集的资料摘抄下来。

_____

_____

_____

_____

_____

_____

引导评价、更正与完善

在教师讲评引导的基础上，对本阶段的学习活动成果进行自我评价和小组评价（100分制），然后根据评价结果用红笔对本阶段引导问题的回答进行更正和完善。

项目	类别	分数	项目	类别	分数
个人自评分	关键能力		小组评分	关键能力	
	专业能力			专业能力	

（二）制订男式唐装短衫制作前期准备的计划并决策

1. 知识学习

学习制订计划的基本方法、内容和注意事项，重点围绕学习活动展开。

制订计划的参考意见：整个工作的内容和目标是什么？整个工作分几步实施？过程中要注意哪些问题？小组成员之间应如何配合？出现问题应如何处理？

2. 学习检验

 引导问题

（1）请简要写出你所在小组的工作计划。

_____

_____

（2）你在制订计划的过程中承担了哪些工作？有什么体会？

_____

_____

（3）教师对小组的计划给出了哪些修改建议？为什么？

_____

_____

_____

（4）你认为计划中哪些地方比较难实施？为什么？你有什么想法？

_____

_____

_____

（5）小组最终做出了什么决定？决定是如何做出的？

_____

_____

_____

引导评价、更正与完善

在教师讲评引导的基础上，对本阶段的学习活动成果进行自我评价和小组评价（100 分制），然后根据评价结果用红笔对本阶段引导问题的回答进行更正和完善。

项目	类别	分数	项目	类别	分数
个人自评分	关键能力		小组评分	关键能力	
	专业能力			专业能力	

（三）男式唐装短衫制作前期准备的实施

1. 知识学习

（1）唐装常用面料的特性认知。

1）丝织面料。

丝织面料的风格、性能特点主要表现在手感、光感、形感和舒适感等方面。

①丝织面料色泽细腻，光泽柔和明亮，手感爽滑柔软，可用于高档服装制作。

②丝织面料的耐热性较好，一般熨烫温度可控制在 150~180 ℃。

③丝织面料的耐光性较差，长期光照后，面料的服用性能较差。

2）织锦缎。

织锦缎是丝织面料中最为精致华丽的一种。它以缎纹为底，以三种颜色以上的彩色丝为纬，形成一组经与三组纬交织的纬三重纹织物。按原料的不同，现代织锦缎可分为真丝织锦缎、金银丝织锦缎、交织织锦缎、人造丝织锦缎等多种类型。织锦缎花纹精致，色彩绚丽，质地紧密厚实，表面平整光滑，是我国丝绸中具有代表性的品种之一。

真丝织锦缎、金银丝织锦缎和人造丝织锦缎是最常见的织锦缎，分别有下列不同的特点。

①真丝织锦缎：纯以真丝交织而成，使用传统的工艺做法。

②金银丝织锦缎：用真丝或人造丝缎地，通常用金银丝（金银线）辅以丝线做

纬线起花。

③人造丝织锦缎：缎地和起花都用人造丝，通常使用较细的经线和较粗的纬线来提高色泽对比度。人造丝织锦缎价格较低，通常使用锦纶（尼龙）的合成纤维，仿真丝效果好，其耐用性、染色性都优于真丝织锦缎。

目前上海、苏州、杭州均有传统织锦缎生产。织锦缎以宋锦、壮锦、云锦、蜀锦最为知名。

 引导问题

（1）请同学们准确写出丝织面料与织锦缎的优缺点。

_____

_____

_____

（2）在教师的指导下，请同学们思考男式、女式唐装分别可以使用什么面料制作？

_____

_____

_____

（2）男式唐装短衫面辅料的选配要求。

1）男式唐装短衫礼服的面料选择。

不同场合穿着的男式唐装短衫通常会选择不同的面料制作，男式唐装短衫礼服的面料宜选择丝织面料和织锦缎等。这些面料手感爽滑，光泽柔和，与男式唐装短衫礼服的款式相得益彰，使服装显得庄重（见图1-2-1）。

图1-2-1　男式唐装短衫礼服

2）休闲男式唐装短衫的面料选择。

休闲男式唐装短衫的面料选择相对灵活，可用棉、麻及混纺毛织物等（见图1-2-2）。

图1-2-2　休闲男式唐装短衫

 引导问题

（1）在教师的指导下，分析不同风格男式唐装短衫穿着的场合。

_____

_____

_____

_____

（2）在教师的指导下，使用鉴别面料成分的方法，试分析面料小样的成分。

_____

_____

_____

3）男式唐装短衫的辅料选择。

①衬料。衬料是指用于服装某些部位，起衬托、完善服装造型或辅助服装加工的材料，例如领衬、胸衬、腰头衬等。衬料的种类繁多，按使用的部位、衬布用料、衬的底布类型、衬料与面料的结合方式的不同可以分为若干类。常见的衬料主要有棉衬、麻衬、树脂衬、黏合衬等。

常见的棉衬有粗布衬和细布衬两种。二者均为平纹组织，有原色和漂白两种，属于低档衬料。

麻衬是以麻纤维为原料的平纹组织织物，具有良好的硬挺度与弹性，属于高档衬料，是西装、大衣的主要用衬。需要注意的是，市场上大多数麻衬实际上是纯棉粗布经过树脂浸渍处理后制成的。

树脂衬是用纯棉布或涤棉布经过树脂胶浸渍处理加工制成的衬料，大多经过漂白。树脂衬的优点包括硬挺度高、弹性好、缩水率小、耐水洗、尺寸稳定、不易变形等，多用于中山装、衬衫的领衬制作。

黏合衬也叫热熔衬，是在基础布上涂上热熔胶制成的。按底布类型分类，黏合衬可以分为机织黏合衬、针织黏合衬、无纺衬等。

②缝纫线。缝纫线的选择通常有以下四点要求。

第一，缝纫线的色泽要与面料的色泽一致，除装饰线外，应尽量选择相近色，且颜色宜深不宜浅。

第二，缝纫线的缩率要与面料的缩率一致，避免织物经过洗涤后因缝纫线缩水过大而起皱。例如，高弹性及针织类面料的缝纫线应选择弹力线。

第三，缝纫线的粗细应与面料的厚度、风格相适应。

第四，缝纫线的材料特性应与面料的材料特性相适应，缝纫线的色牢度、弹性、耐热性要与面料相适应。尤其是成衣染色产品，缝纫线的纤维成分必须与面料纤维成分相同（特殊要求除外）。

🛈 引导问题

（1）在教师指导下，分析男式唐装短衫所用衬料、缝纫线应如何选择。

_____

_____

_____

_____

（2）在教师的指导下，分析应如何根据面料选择合适的缝纫线。

_____

_____

_____

_____

> **小贴士**
>
> 　　涤纶缝纫线也叫高强线，是由涤纶长纤或者短纤捻成的。涤纶线由于具有强度高、耐磨性好、缩水率低、吸湿性及耐热性好、耐腐蚀、不易霉烂、不易虫蛀等优点而被广泛应用于棉织物、化纤织物和混纺织物的缝制中。此外，它还具有色泽齐全、色牢度好、不褪色、不变色、耐日晒等特点。但涤纶缝纫线也具有熔点低、易断线的缺点。

（3）男式唐装短衫面料使用量的计算方法、排料的方法和零辅料的选配要求。

1）面料使用量的计算方法。

　　男式唐装短衫的样板有净样板和毛样板之分。如果使用净样板，对面料使用量的估算应在净样板的基础上加放缩水量、热缩量、缝份和贴边。如果使用毛样板，对面料使用量的估算应在毛样板的基础上加放缩水量和热缩量。实践中应根据制作工艺要求，本着节约的原则计算实际面料使用量。

ⓘ 引导问题

（1）当制作男式唐装短衫所使用的面料有倒顺光时，应该如何计算面料使用量？

_____

_____

_____

_____

（2）假设男式唐装短衫面料的缩水率为纬向 5%、经向 8%，此时应如何计算面料使用量？

_____

_____

_____

_____

2）排料的方法。

　　男式唐装短衫的排料图如图 1-2-3 至图 1-2-5 所示。

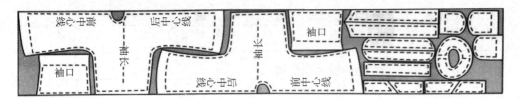

图 1-2-3　幅宽 72 cm 面料的排料图

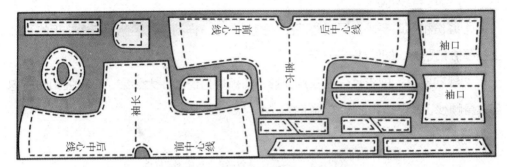

图 1-2-4　幅宽 90 cm 面料的排料图

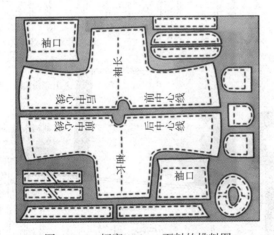

图 1-2-5　幅宽 114 cm 面料的排料图

3）零辅料的选配要求。

男式唐装短衫制作所需零辅料包括：领衬 1 条，直丝嵌条 200 cm，斜丝嵌条 120 cm，纽条棉线芯 4~6 条，一字盘扣 5 对，缝纫线 2 只。

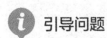 引导问题

（1）幅宽 72 cm 面料的用料计算：＿＿＿＿＿＿＿＿＿＿＿＿＿＿＿＿＿＿＿＿

（2）幅宽 90 cm 面料的用料计算：＿＿＿＿＿＿＿＿＿＿＿＿＿＿＿＿＿＿＿＿

（3）幅宽 114 cm 面料的用料计算：_____

_____

（4）幅宽 144 cm 面料的用料计算：_____

_____

（4）男式唐装短衫样板的核对。

1）缝份与纱向。

①缝份和贴边要求：男式唐装短衫的制图为净样制图，因此要在净样板的基础上加缝份和贴边，如图 1-2-6 所示。

②纱向要求：前衣片、后衣片、袖、门襟均为直纱，大贴袋、小贴袋和内袋均与大身顺纱，领贴边和袖贴边为纬纱。

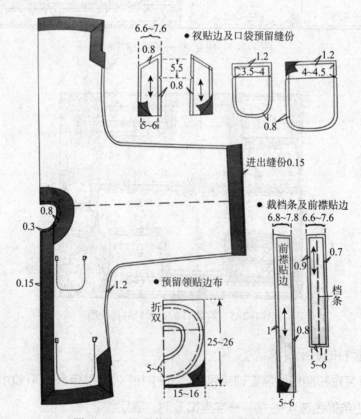

图 1-2-6　男式唐装短衫的缝份和贴边要求

2）缝份与贴袋。

男式唐装短衫的缝份与贴袋如图 1-2-7 所示。

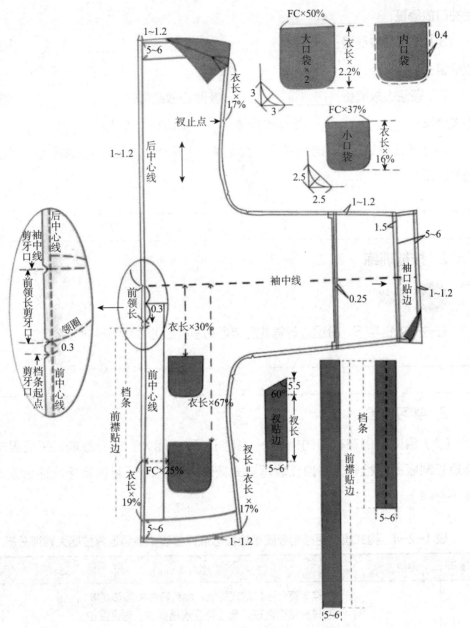

图 1-2-7　男式唐装短衫的缝份及贴袋

ℹ 引导问题

（1）男式唐装短衫样板的放缝量计算。

1）前侧缝、袖底缝放缝量：＿＿＿＿＿＿＿＿，前底边放缝量：＿＿＿＿＿＿＿，
前袖口放缝量：＿＿＿＿＿＿＿＿＿＿。

2）后侧缝、袖底缝放缝量：＿＿＿＿＿＿＿＿，后底边放缝量：＿＿＿＿＿＿＿，

后袖口放缝量：_____。

3）大口袋放缝量：_____，小口袋放缝量：_____，内口袋放缝量：_____。

4）领贴边放缝量：_____，衩贴边放缝量：_____，前襟贴边放缝量：_____，档条放缝量：_____，袖口贴边放缝量：_____。

（2）男式唐装短衫的纱向要求是大贴袋、小贴袋、内袋均与大身顺纱，顺纱应如何操作？

_____

_____

2. 技能训练

实践

在教师的指导下，分组进行男式唐装短衫净样板的放缝与纱向文字标注。

_____

_____

3. 学习检验

（1）请同学们在教师的指导下，参照世界技能大赛评分标准，完成男式唐装短衫制版质量检验，并独立填写男式唐装短衫制版质量检验标准评分表（见表1-2-4）。

表1-2-4 男式唐装短衫制版质量检验标准评分表（参照世界技能大赛评分标准）

序号	评价内容	评价标准	分值	评分
1	样板要求	1. 样板充分考虑款式特征、面料特性和工艺要求 2. 样板结构合理，尺寸符合规格要求，对合部位长短一致 3. 结构图干净整洁，标注清晰规范 4. 辅助线、轮廓线清晰，线条平滑、流畅 5. 样板类型齐全，数量准确，标注规范 6. 剪口、钻孔等位置正确，标记齐全，缝份、折边量符合要求 7. 样板轮廓光滑、顺畅，无毛刺 8. 结构图与样板校验无误，修正完善到位	30	

续表

序号	评价内容	评价标准	分值	评分
2	主要部位规格	1. 衣长公差不超过 ±0.5 cm 2. 袖长公差不超过 ±0.3 cm 3. 肩宽公差不超过 ±0.3 cm 4. 胸围公差不超过 ±1 cm 5. 领围尺寸与领口尺寸相吻合	20	
3	重要部位规格	1. 领口 2. 袋位 3. 衩摆缝 4. 扣位 5. 折边	15	
4	经纬纱向	1. 纱向以前后中心为准 2. 口袋与大身纱向一致，无倾斜 3. 零部件经纱倾斜误差不超过 ±0.3 cm	15	
5	辅料	1. 用料正确 2. 尺寸符合规格要求	8	
6	剪口	面料、辅料剪口顺直、光滑，无毛刺	6	
7	条格对应	前衣片、后衣片、侧缝、袖底缝、口袋、领片	6	
合计得分				

（2）请同学们以小组为单位，集中填写设备使用记录表（见表1-2-5）。

表1-2-5 设备使用记录表

使用设备名称		是否正常使用	
		是	否，是如何处理的
裁剪设备			
缝制设备			
整烫设备			

引导评价、更正与完善

在教师讲评引导的基础上，对本阶段的学习活动成果进行自我评价和小组评价（100分制），然后根据评价结果用红笔对本阶段引导问题的回答进行更正和完善。

项目	类别	分数	项目	类别	分数
个人自评分	关键能力		小组评分	关键能力	
	专业能力			专业能力	

（四）成果展示与评价反馈

1. 知识学习

任务完成后，需要对任务成果进行展示和评价，并对评价做出相应反馈。

（1）展示的基本方法：平面展示法、人台展示法和其他展示法。

平面展示法是将成品平铺在工作台上进行展示的方法。

人台展示法是将成品穿在人台上进行展示的方法。

其他展示法主要包括真人穿着展示和衣架悬挂展示等。

（2）评价的基本方法：观察法、比对法等。

观察法是指通过肉眼观察判断成品品质的一种评价方法。

比对法是指将成品与同学们的成品进行比对，检测成品是否一致的一种评价方法。

2. 技能训练

 实践

（1）将任务成果贴在黑板或白板上进行悬挂展示。

（2）依据表1-2-4，对男式唐装短衫制版与排料质量检验进行自我评价和小组评价。

3. 学习检验

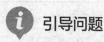 引导问题

（1）在教师的指导下，小组内进行作品展示，然后经由小组讨论，推选出一组最佳作品，进行全班展示与评价，并由组长简要介绍推选的理由，小组其他成员做补充并记录。

小组最佳作品制作人：＿＿＿＿＿＿＿＿

推选理由：＿＿＿＿＿＿＿＿＿＿＿＿＿＿＿＿＿＿＿＿

其他小组评价意见：＿＿＿＿＿＿＿＿＿＿＿＿＿＿＿＿

教师评价意见：＿＿＿＿＿＿＿＿＿＿＿＿＿＿＿＿＿＿

（2）将本次学习活动中出现的问题及其产生的原因和解决的办法填写在问题分析及解决表（见表1-2-6）中。

表 1-2-6 　　　　　　　　　问题分析及解决表

出现的问题	产生的原因	解决的办法
1.		
2.		
3.		
4.		

自我评价

就本次学习活动中自己最满意的地方和最不满意的地方各列举一点，并简要说明原因，然后完成学习活动考核评价表（见表 1-2-7）的填写。

最满意的地方：_____

_____

最不满意的地方：_____

_____

表 1-2-7 　　　　　　　学习活动考核评价表

学习活动名称：男式唐装短衫制作前期准备

班级：　　　学号：　　　姓名：　　　指导教师：

评价项目	评价标准	评价依据	评价方式及权重			权重	得分小计	总分
			自我评价	小组评价	教师（企业）评价			
			10%	20%	70%			
关键能力	1.能穿戴劳保服装，执行安全操作规程 2.能参与小组讨论，制订计划，相互交流与评价 3.能积极参与学习活动 4.能清晰、准确表达，与相关人员进行有效沟通 5.能清扫场地，清理机台，归置物品，填写设备使用记录表	1.课堂表现 2.工作页填写				40%		

续表

评价项目	评价标准	评价依据	评价方式及权重			权重	得分小计	总分
			自我评价	小组评价	教师（企业）评价			
			10%	20%	70%			
专业能力	1.能区分不同的面料、辅料 2.能叙述面料的分类、面辅料的选配方法，能根据不同的服装款式选配合适的面料、辅料和衬料 3.能对男式唐装短衫的样板进行核对检验 4.能按照企业标准或世界技能大赛评分标准对面辅料的选配进行检验，并进行展示	1.课堂表现 2.工作页填写 3.提交的成品质量				60%		
指导教师综合评价								
	指导教师签名：				日期：			

三、学习拓展

说明：本阶段学习拓展建议课时为 2~4 课时，要求学生在课后独立完成。教师可根据本校的教学需要和学生的实际情况，选择部分或全部进行实践，也可另行选择相关拓展内容。

拓展

下图（见图 1-2-8）是一款双面男式唐装短衫，面料为棉麻混纺面料（亚麻 50%，棉 50%），请同学们按 175/92A 的号型规格，在下表（见表 1-2-8）中制定双面男式唐装短衫的成品规格，并独立完成男式唐装短衫的结构图和放缝图的绘制。

图 1-2-8　双面男式唐装短衫

表 1-2-8　　　　　　　　男式唐装短衫的成品规格表　　　　　　单位：cm

部位	衣长	领围	胸围	肩宽	背长	袖长
成品尺寸						

查询与收集

请同学们通过查阅相关学材，选择 2~3 款女式唐装，为其选择合适的面料、辅料和衬料，并将选择结果记录下来。

学习活动 3
男式唐装短衫排料、裁剪

🎯 学习目标

1. 能严格遵守工作制度，服从工作安排，按要求准备好男式唐装短衫排料、裁剪所需的工具、设备、材料与各项工艺文件。

2. 能正确识读男式唐装短衫排料、裁剪的各项工艺文件，明确男式唐装短衫排料、裁剪的流程、方法和注意事项。

3. 能查阅相关技术资料，制订男式唐装短衫排料、裁剪的计划，并在教师的指导下，通过小组讨论做出决策。

4. 能依据工艺文件要求，结合男式唐装短衫排料、裁剪规范，正确计算面料、里料和衬料的用料量，根据排料、裁剪的原则和方法，独立完成男式唐装短衫排料、裁剪工作。

5. 能按照企业标准（或参照世界技能大赛评分标准）对男式唐装短衫排料、裁剪工作进行检验，并依据检验结果修正相关问题。

6. 能记录男式唐装短衫排料、裁剪工作过程中的疑难点，在教师的指导下，通过小组讨论、合作探究或独立思考的方式提出妥善的问题解决办法，并在实践中解决问题。

7. 能展示、评价男式唐装短衫排料、裁剪各阶段的成果，并根据评价结果，做出相应反馈。

一、学习准备

1. 准备服装制作学习工作室中的排料设备与工具、裁剪设备与工具。

2. 准备劳保服装，安全操作规程，排料、裁剪相关学材。

3. 划分学习小组（每组5~6人），将分组信息填写在小组编号表（见表1-3-1）中。

表1-3-1　　　　　　　　　　　　　小组编号表

组号	组内成员及编号	组长姓名	组长编号	本人姓名	本人编号

 提示

请同学们自己检查一下，劳保服装有没有穿戴好？手机是否已经放入手机袋？请仔细阅读安全操作规程，将其要点摘录下来。

_____

_____

二、学习过程

（一）明确工作任务，获取相关信息

1. 知识学习

i 引导问题

（1）男式唐装短衫的样板制作完成之后，工作流程中的下一步是什么？

_____

_____

_____

（2）请同学们根据制作完成的男式唐装短衫1：5的样板进行排料并进行小组讨论，简述男式唐装短衫排料的注意点。

_____

_____

_____

（3）请同学们根据不同的面料幅宽进行排料，并把用料量填入男式唐装短衫用料表（见表1-3-2）中。

表 1-3-2   男式唐装短衫用料表

面料幅宽	幅宽 90 cm	幅宽 110 cm	幅宽 150 cm
用料量			

2. 学习检验

 引导问题

在教师的引导下，独立填写学习活动简要归纳表（见表 1-3-3）。

表 1-3-3   学习活动简要归纳表

本次学习活动的名称	
本次学习活动的主要目标	
本次学习活动的内容	
本次学习活动中实现难度较大的地方	

查询与收集

通过网络浏览或资料查阅，归纳总结企业服装批量裁剪的常见操作流程，并把收集的资料摘抄下来。

_____

_____

_____

_____

_____

引导评价、更正与完善

在教师讲评引导的基础上，对本阶段的学习活动成果进行自我评价和小组评价（100 分制），然后根据评价结果用红笔对本阶段引导问题的回答进行更正和完善。

项目	类别	分数	项目	类别	分数
个人自评分	关键能力		小组评分	关键能力	
	专业能力			专业能力	

（二）制订男式唐装排料、裁剪的计划并决策

1. 知识学习

学习制订计划的基本方法、内容和注意事项，重点围绕学习活动展开。

制订计划的参考意见：整个工作的内容和目标是什么？整个工作分几步实施？过程中要注意哪些问题？小组成员之间应如何配合？出现问题应如何处理？

2. 学习检验

 引导问题

（1）请简要写出你所在小组的工作计划。

_____

_____

（2）你在制订计划的过程中承担了哪些工作？有什么体会？

_____

_____

（3）教师对小组的计划给出了哪些修改建议？为什么？

_____

_____

（4）你认为计划中哪些地方比较难实施？为什么？你有什么想法？

_____

_____

（5）小组最终做出了什么决定？决定是如何做出的？

_____

_____

引导评价、更正与完善

在教师讲评引导的基础上，对本阶段的学习活动成果进行自我评价和小组评价（100分制），然后根据评价结果用红笔对本阶段引导问题的回答进行更正和完善。

项目	类别	分数	项目	类别	分数
个人自评分	关键能力		小组评分	关键能力	
	专业能力			专业能力	

（三）男式唐装排料、裁剪的实施

1. 知识学习

（1）男式唐装短衫的排料。

服装排料工作是整个服装制作过程中的重要组成部分，是一项严谨、细致的工作。排料时要注意提高面料的利用率，降低损耗率。排料工作有以下四点要求。

1）避免色差要求。

①色差的定义：色差是指同一块面料的颜色不同深浅的差异。

②辨别色差的方法：在良好的光线条件下，对面料的重点部位的颜色进行比较，如面料的两端、中间、边缘等部位。

③避免色差的方法：排料时，同一规格的主要部位的裁片应尽可能地靠近。如果面料有严重色差，建议更换面料。

2）丝缕方向要求。

所有样板的丝缕方向都要与面料的纬纱互相垂直，与经纱平行。有时为了节省面料，提高面料的利用率，可以将样板的丝缕方向略偏经纱 0.1~0.5 cm 进行排料，但是条格面料和高档面料的丝缕方向不可以偏斜。

3）条格、图案对齐要求。

需要对齐条格、图案的部位有：前衣片的左右门襟，前衣片的上下口袋，摆缝，后衣片的背缝，领子的左右领角和后领，衣袖等部位。

4）排料顺序要求。

先主后次，先外后里，先大后小，凹凸相套，合理拼接，合理套排。

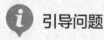 引导问题

（1）在教师指导下，分组进行男式唐装短衫排料。

_____

_____

_____

（2）单件服装样板排版图和批量服装样板排版图主要有哪些区别？

_____

_____

_____

（2）男式唐装短衫的裁剪。

在实际裁剪中要注意缝份顺直，对刀口准确，并据此保证成衣的规格尺寸准确。剪刀刀口要锋利、清洁，否则易造成面料打滑或布边起毛，影响裁剪的速度和精度。此外，裁剪中还需注意以下四点。

1）要区分剪纸样的剪刀与面料裁剪的剪刀。

2）裁剪台要保持平整、干净、整洁。

3）裁剪时左右手要相互配合，进刀时左手压着布面，右手握刀前进，左手应跟随右手进度，以免上下层面料滑动、移位。

4）裁剪时应严格按照粉线进行，刀路保持顺直、流畅，不能出现锯齿现象。裁剪直线时用刀刃中央，裁剪曲度较大的弧线时尽量用刀刃前端，速度要快，刀口要平整。

 引导问题

（1）在教师指导下，分组进行男式唐装短衫前衣片、后衣片、零部件裁剪。

_____

_____

_____

_____

（2）当男式唐装短衫面料有缩水率时，应如何计算其面料的使用量？

_____

_____

_____

_____

2. 技能训练

实践

服装排料在服装制作中占有重要的地位，排料的技巧是决定面料利用率的关键。试述排料的原则和注意事项。

_____

_____

3. 学习检验

（1）请同学们在教师的指导下，参照世界技能大赛评分标准，完成下列各种款式唐装面料的用料公式计算，并独立填写唐装面料的用料计算公式表（见表1-3-4）。

表1-3-4　唐装面料的用料计算公式表（参照世界技能大赛评分标准）

序号	分值	款式	面料幅宽	用料计算公式	得分
1	25	男式唐装短衫	114 cm		
			150 cm		
2	25	女式唐装短衫	114 cm		
			150 cm		
3	25	唐装马甲	114 cm		
			150 cm		
4	25	唐装长袍	90 cm		
			144 cm		
合计得分					

（2）请同学们以小组为单位，集中填写设备使用记录表（见表1-3-5）。

表1-3-5　　　　　　　　　设备使用记录表

使用设备名称		是否正常使用	
		是	否，是如何处理的
裁剪设备			
缝制设备			
整烫设备			

✅ 引导评价、更正与完善

在教师讲评引导的基础上，对本阶段的学习活动成果进行自我评价和小组评价（100分制），然后根据评价结果用红笔对本阶段引导问题的回答进行更正和完善。

项目	类别	分数	项目	类别	分数
个人自评分	关键能力		小组评分	关键能力	
	专业能力			专业能力	

（四）成果展示与评价反馈

1. 知识学习

任务完成后，需要对任务成果进行展示和评价，并对评价做出相应反馈。

（1）展示的基本方法：平面展示法、人台展示法和其他展示法。

平面展示法是将成品平铺在工作台上进行展示的方法。

人台展示法是将成品穿在人台上进行展示的方法。

其他展示法主要包括真人穿着展示和衣架悬挂展示等。

（2）评价的基本方法：观察法、比对法等。

观察法是指通过肉眼观察判断成品品质的一种评价方法。

比对法是指将成品与同学们的成品进行比对，检测成品是否一致的一种评价方法。

2. 技能训练

 实践

（1）将任务成果贴在黑板或白板上进行悬挂展示。

（2）对男式唐装短衫的排版、裁剪是否合理进行自我评价和小组评价。

3. 学习检验

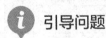 引导问题

（1）在教师的指导下，小组内进行作品展示，然后经由小组讨论，推选出一组最佳作品，进行全班展示与评价，并由组长简要介绍推选的理由，小组其他成员做补充并记录。

小组最佳作品制作人：_____

推选理由：_____

其他小组评价意见：_____

教师评价意见：_____

（2）将本次学习活动中出现的问题及其产生的原因和解决的办法填写在问题分析及解决表（见表 1-3-6）中。

表 1-3-6　　　　　　　　　问题分析及解决表

出现的问题	产生的原因	解决的办法
1.		
2.		
3.		
4.		

自我评价

就本次学习活动中自己最满意的地方和最不满意的地方各列举一点，并简要说明原因，然后完成学习活动考核评价表（见表 1-3-7）的填写。

最满意的地方：_____

最不满意的地方：_____

表 1-3-7　　　　　　　　　学习活动考核评价表

学习活动名称：男式唐装短衫排料、裁剪

班级：　　　　　学号：　　　　　姓名：　　　　　指导教师：

评价项目	评价标准	评价依据	评价方式及权重			权重	得分小计	总分
			自我评价	小组评价	教师（企业）评价			
			10%	20%	70%			
关键能力	1. 能穿戴劳保服装，执行安全操作规程 2. 能参与小组讨论，制订计划，相互交流与评价 3. 能积极参与学习活动 4. 能清晰、准确表达，与相关人员进行有效沟通 5. 能清扫场地，清理机台，归置物品，填写设备使用记录表	1. 课堂表现 2. 工作页填写				40%		

续表

评价项目	评价标准	评价依据	评价方式及权重			权重	得分小计	总分
			自我评价	小组评价	教师（企业）评价			
			10%	20%	70%			
专业能力	1. 能区分不同的面料、辅料和衬料 2. 能叙述服装排料的原则与要求；能根据不同的服装款式准确计算用料，并进行合理排料 3. 能对男式唐装短衫的排料进行核对检验 4. 能按照企业标准或世界技能大赛评分标准对男式唐装短衫排料、裁剪的成果进行检验，并进行展示	1. 课堂表现 2. 工作页填写 3. 提交的成品质量				60%		
指导教师综合评价								
	指导教师签名：			日期：				

三、学习拓展

说明：本阶段学习拓展建议课时为 2~4 课时，要求学生在课后独立完成。教师可根据本校的教学需要和学生的实际情况，选择部分或全部进行实践，也可另行选择相关拓展内容。

ⓘ 引导问题

请根据下列条件计算男式唐装长袍的用料量。

（1）面料幅宽 150 cm，无条格，无图案，无倒顺毛。

（2）衣长 156 cm，袖长 62 cm。

（3）单件裁剪制作。

 实践

假设某企业接到一批订单，需制作服装的尺码及数量要求见表 1-3-8。

表 1-3-8　　　　　　　　服装制作订单　　　　　　　　单位：件

尺码	XS	S	M	L	XL
数量	100	200	400	200	150

假设每床最多可拉 150 层，每张唛架最多排 4 件，试设计本次订单的最佳裁剪分配方案。

📷 查询与收集

请同学们通过查阅男式唐装短衫的相关学材，了解男式唐装短衫排料、裁剪工艺流程，并将其记录下来。

学习活动 4
男式唐装短衫缝制、熨烫

🎯 学习目标

1. 能严格遵守工作制度，服从工作安排，按要求准备好男式唐装短衫缝制、熨烫所需的工具、设备、材料与各项工艺文件。

2. 能正确识读男式唐装短衫缝制、熨烫的各项工艺文件，明确男式唐装短衫缝制、熨烫的流程、方法和注意事项。

3. 能查阅相关技术资料，制订男式唐装短衫缝制、熨烫的计划，并在教师的指导下，通过小组讨论做出决策。

4. 能按照男式唐装短衫的工艺要求独立完成男式唐装短衫制作。在缝制过程中准确控制钉扣位置，使前门襟对合严密、顺直，不搅口。运用推、归、拔、烫技术手法使各部位平服、端正。

5. 能按照企业标准（或参照世界技能大赛评分标准）对男式唐装短衫的缝制、熨烫工作进行检验，并依据检验结果修正相关问题。

6. 能按照生产工艺单的要求，完成男式唐装短衫的缝制、熨烫；能熟练使用并维护手工或电动裁剪工具、缝纫机及其他设备。

7. 能展示、评价男式唐装短衫缝制、熨烫各阶段的成果，并根据评价结果，做出相应反馈。

一、学习准备

1. 准备服装制作学习工作室中的缝制设备与工具、整烫设备与工具。

2. 准备劳保服装，安全操作规程，生产工艺单，缝制、熨烫相关学材。

3. 划分学习小组（每组5~6人），将分组信息填写在小组编号表（见

表 1-4-1 ）中。

表 1-4-1　　　　　　　　　小组编号表

组号	组内成员及编号	组长姓名	组长编号	本人姓名	本人编号

 提示

　　请同学们自己检查一下，劳保服装有没有穿戴好？手机是否已经放入手机袋？请仔细阅读安全操作规程，将其要点摘录下来。

_____

_____

二、学习过程

（一）明确工作任务，获取相关信息

1. 知识学习

（1）男式唐装短衫的部件。

1）面料类：前衣片、后衣片、袖片、挂面、领面、领底、小袋布、大袋布。

2）衬料类：领衬、袖口衬、贴边衬、牵带。

3）其他：斜条、一字盘扣、线。

（2）男式唐装短衫的缝制、熨烫流程。

核对裁片、做标记→做、烫零部件（口袋、襟贴边、衩贴边、袖口贴边、档条）→缝后中心→做左右侧衩→做左、右门里襟→做下摆缝份→做领口贴边→装口袋→缝合袖口→缝合侧边→做、装立领→整烫→质量检验。

 引导问题

（1）哪些面料适合制作男式唐装短衫？

_____

_____

（2）根据男式唐装短衫的款式，叙述其制作的工艺流程。

_____

_____

2. 学习检验

i 引导问题

（1）在教师的引导下，独立填写学习活动简要归纳表（见表 1-4-2）。

表 1-4-2　　　　　　　　　学习活动简要归纳表

本次学习活动的名称	
本次学习活动的主要目标	
本次学习活动的内容	
本次学习活动中实现难度较大的地方	

（2）在教师的指导下，分析服装领型的分类并判断男式唐装短衫的领子属于哪种领型，其特点是什么？

_____

_____

💬 讨论

男式唐装短衫的制作需要用到哪些设备？这些设备分别有什么作用？

_____

_____

📷 查询与收集

通过网络浏览或资料查阅，了解男式唐装短衫缝制、熨烫的工艺要求，并把收集的资料摘抄下来。

_____

_____

_____

_____

┌─ 📋 小贴士 ──────────────────────────────

　　自古以来，唐装就以其传统精致的手工制作工艺而驰名中外，唐装中盘口和绲边的装饰工艺是它最醒目的特色之一。"绲"这一制作手法是用绳条将服装的余边巧妙地包起来的传统工艺，起初绲边是为了更好地固定服装的缝合处，而后逐渐演变为一种装饰。在整个服装裁剪过程中，绳条的材料使用量基本与服装的面料使用量相等。绲边的基本形式是单绲边，按形状的不同可分为圆状绲边和扁平状绲边，按宽度的不同又可分为细香绲和宽边绲。在实际使用时，可充分运用多种工艺对绲边进行组合加工，使唐装的制作在细节上更为丰富生动。

└──

🔍 引导评价、更正与完善

　　在教师讲评引导的基础上，对本阶段的学习活动成果进行自我评价和小组评价（100 分制），然后根据评价结果用红笔对本阶段引导问题的回答进行更正和完善。

项目	类别	分数	项目	类别	分数
个人自评分	关键能力		小组评分	关键能力	
	专业能力			专业能力	

（二）制订男式唐装短衫缝制、熨烫的计划并决策

1. 知识学习

　　学习制订计划的基本方法、内容和注意事项，重点围绕学习活动展开。

　　制订计划的参考意见：整个工作的内容和目标是什么？整个工作分几步实施？过程中要注意哪些问题？小组成员之间应如何配合？出现问题应如何处理？

2. 学习检验

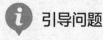 引导问题

（1）请简要写出你所在小组的工作计划。

_____

_____

（2）你在制订计划的过程中承担了哪些工作？有什么体会？

_____

_____

_____

（3）教师对小组的计划给出了哪些修改建议？为什么？

_____

_____

_____

（4）你认为计划中哪些地方比较难实施？为什么？你有什么想法？

_____

_____

_____

（5）小组最终做出了什么决定？决定是如何做出的？

_____

_____

_____

引导评价、更正与完善

在教师讲评引导的基础上，对本阶段的学习活动成果进行自我评价和小组评价（100分制），然后根据评价结果用红笔对本阶段引导问题的回答进行更正和完善。

项目	类别	分数	项目	类别	分数
个人自评分	关键能力		小组评分	关键能力	
	专业能力			专业能力	

（三）男式唐装短衫缝制、熨烫的实施

1. 知识学习

（1）零部件的缝制、熨烫。

1）口袋的缝制、熨烫。

①口线贴边为4~4.5 cm，需在转角处剪牙口防止产生毛边，并在完成线外0.2 cm处缝上缩缝线。

②用净样板扣烫，将转角处烫圆顺（见图 1-4-1）。

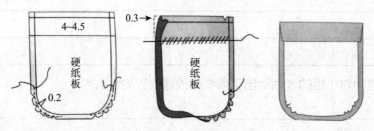

图 1-4-1　口袋的缝制、熨烫

2）贴边的缝制、熨烫。

①门襟：扣烫 0.8 cm 的缝份（见图 1-4-2）。

②衩：先扣烫直的缝份，再扣烫斜的缝份，形成上盖下的结构（见图 1-4-3）。

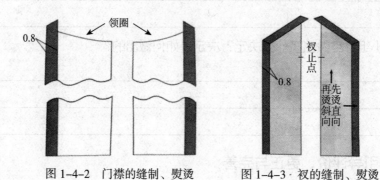

图 1-4-2　门襟的缝制、熨烫　　　图 1-4-3 · 衩的缝制、熨烫

③袖口：袖口布贴边与袖口布之间留一道 1.5 cm 的缝份，缝份错开 0.15 cm，再在距牙口记号 0.15 cm 处车缝，使袖口边缘不易磨损，再翻回袖口贴边反面疏缝固定，但后袖口需留 10 cm 暂不疏缝（见图 1-4-4）。

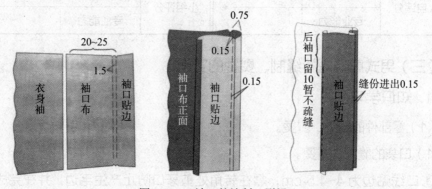

图 1-4-4　袖口的缝制、熨烫

3）档条的缝制、熨烫。

档条扣双缝合上下两端，错开缝份（见图1-4-5）。

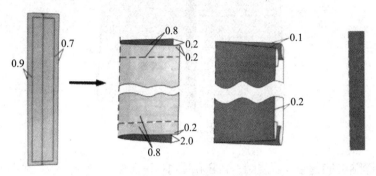

图1-4-5 档条的缝制、熨烫

 引导问题

（1）请同学们根据零部件的缝制方法，思考男式唐装短衫口袋贴边是多宽？圆角的处理方法是什么？

_____

_____

_____

（2）请同学们根据零部件的缝制方法，思考衩缝头扣烫为什么要上盖下？

_____

_____

（2）衣身的缝制。

1）衩上贴边的缝制（见图1-4-6）。

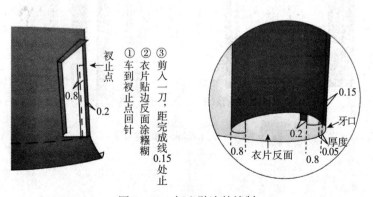

图1-4-6 衩上贴边的缝制

2）后中心的缝合（见图 1-4-7）。

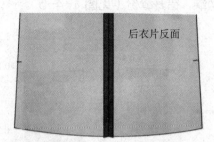

后衣片反面

图 1-4-7　后中心的缝合

3）门襟贴边的缝合（见图 1-4-8 和图 1-4-9）。

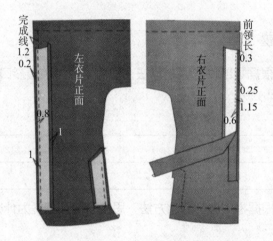

完成线
1.2
0.2

左衣片正面

0.8

1

1

前领长
0.3

右衣片正面

0.25

1.15

0.6

图 1-4-8　门襟贴边的缝合 1

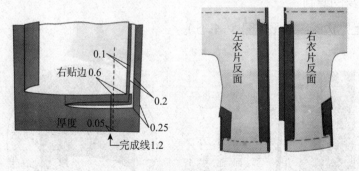

0.1

右贴边 0.6

0.2

厚度　0.05

0.25

完成线 1.2

左衣片反面

右衣片反面

图 1-4-9　门襟贴边的缝合 2

4）下摆的缝制（见图 1-4-10 至图 1-4-12）。

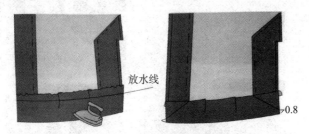

图 1-4-10　下摆贴边的缝制 1

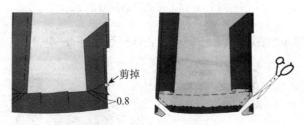

图 1-4-11　下摆贴边的缝制 2

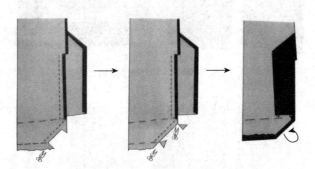

图 1-4-12　下摆与衩折角的缝制

5）领圈贴边的缝制（见图 1-4-13 和图 1-4-14）。

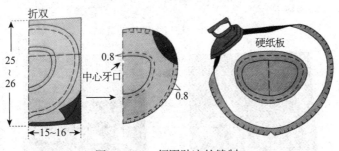

图 1-4-13　领圈贴边的缝制 1

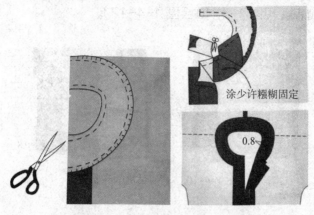

涂少许糨糊固定

0.8

图 1-4-14　领圈贴边的缝制 2

6）口袋与袖口上贴边的缝制（见图 1-4-15 至图 1-4-17）。

2.5

1.5

反面　　　正面

图 1-4-15　口袋的缝制

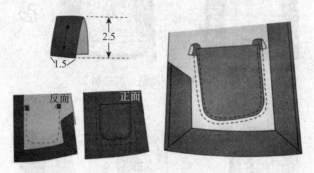

后衣片留 10 暂不车

袖口糨边

0.9

0.25

图 1-4-16　袖口上贴边的缝制

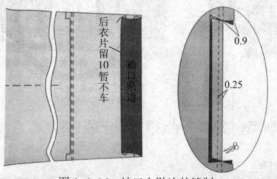

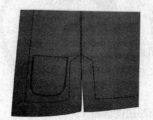 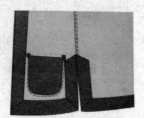

图 1-4-17　口袋正、反面完成图

7）袖底缝、侧缝的缝合（见图 1-4-18 至图 1-4-20）。

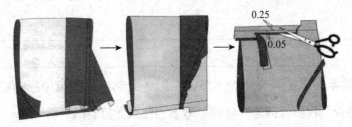

图 1-4-18　袖底缝的缝合

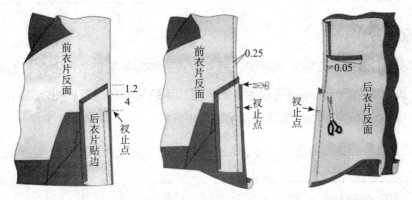

图 1-4-19　侧缝与衩止点的缝合

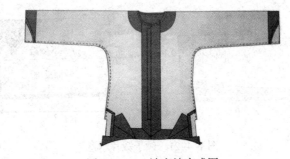

图 1-4-20　袖底缝完成图

引导问题

（1）请同学们根据前文中的示意图，思考男式唐装短衫的摆衩和门襟贴边应如何处理缝头厚度？

（2）请同学们根据前文中的示意图，思考男式唐装短衫下摆与衩处的角应如何缝制？

_____

_____

（3）请同学们根据前文中的示意图，思考缝制男式唐装短衫的袖底缝和侧缝时，袖口贴边处和衩根处应怎样处理？腋下为什么要打剪口？

_____

_____

 讨论

请同学们根据前文中的示意图，思考男式唐装短衫装口袋时要裁长 5 cm、宽 1.5 cm 直纹支力布一起车缝的原因。如果男式唐装短衫有内口袋和外口袋，那么它应当如何缝制？请写出口袋缝制的基本流程。

_____

_____

（3）领子的缝制。

1）裁布（见图 1-4-21）。

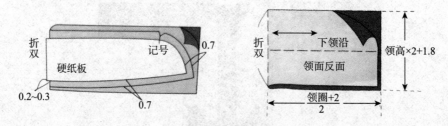

图 1-4-21　领子裁片示意

引导问题

（1）裁布时，领里为什么要比领面短 0.2~0.3 cm？

_____

_____

_____

（2）如图 1-4-22 所示，在烫领布时需要将其左右两端上提 0.3~0.8 cm，请写出这样操作的原因。

图 1-4-22　烫领布

_____

_____

_____

_____

2）做领（见图 1-4-23 至图 1-4-25）。

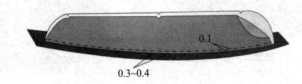

图 1-4-23　领斜条的缝制

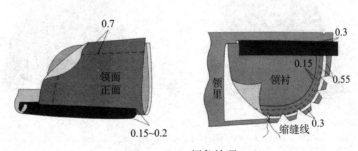

图 1-4-24　领角处理

图 1-4-25　领片的缝制

引导问题

（1）领面下口绲条为什么要用裁成 45° 倾斜的面料？

_____

_____

（2）车缝领面、领里时要错开 0.3 cm，领里稍短，且要稍拉车缝，请问这样做的原因是什么？缝好后修剪多余缝头，为什么要在转角处剪牙口再翻至正面？

_____

_____

3）装领（见图 1-4-26）。

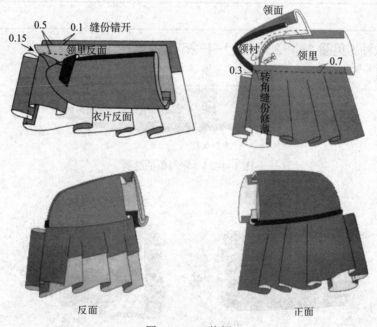

图 1-4-26 装领

 引导问题

（1）请根据前文中的示意图，写出装领的基本流程。

_____

_____

_____

（2）请根据前文中的示意图，思考为什么领里上领点必须距中心线0.15 cm？
这有什么作用？

_____

_____

4）扣坨、纽襻制作。

男式唐装短衫采用一字盘扣，制作时应先按一字扣所需纽条的长度留足襻条的
长度，再编织扣坨。编织中可使用镊子或锥子帮助拉紧襻条，在结顶襻条中要穿一
根细绳，待扣坨编好再抽出来。具体制作步骤如图1-4-27至图1-4-30所示。

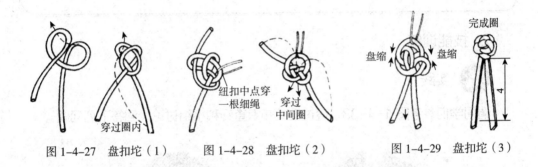

图1-4-27 盘扣坨（1）　　图1-4-28 盘扣坨（2）　　图1-4-29 盘扣坨（3）

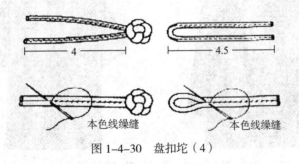

图1-4-30 盘扣坨（4）

5）钉扣（见图1-4-31和图1-4-32）。

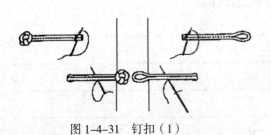

图1-4-31 钉扣（1）

图1-4-32 钉扣（2）

小贴士

　　盘扣是中国传统服装中具有装饰工艺色彩的元素。它由襻、条、扣这几个基本部分构成。襻是指扣套，条是指襻条、盘条，扣是指扣头。利用盘条可盘制出各种造型，制成"盘花"，带有盘花的盘扣为"花扣"。花扣的造型多借鉴具有吉祥意义和民族特色的题材，例如模仿动植物的梅花扣、金鱼扣、菊花扣，以及盘结成文字的喜字扣、寿字扣等，也有常见的几何形盘扣，例如一字扣、波形扣等。盘花有对称和不对称两种。盘扣的作用已不仅仅局限于衣襟的合并，还能够在服装的整体效果上起画龙点睛的作用。这生动的一笔充分表现了中国服饰的意蕴与内涵，充分体现了装饰主题的趣味性。

2. 技能训练

 实践

请同学们参考图 1-4-33，通过相关知识查阅和小组讨论，回答下列问题。

图 1-4-33　改良版男式唐装短衫

（1）请同学们谈一谈男式唐装短衫的演变过程。

_____

_____

_____

_____

（2）传统男式唐装短衫的款式、结构、工艺有什么显著特点？

_____

_____

_____

（3）按季节、面料、结构分类，改良版男式唐装短衫有哪些类型？不同的类型各有什么特征？

_____

_____

_____

3. 学习检验

（1）请同学们在教师的指导下，参照世界技能大赛评分标准，完成男式唐装短衫缝制、熨烫质量检验，并独立填写男式唐装短衫缝制、熨烫质量检验标准评分表（见表 1-4-3）。

表 1-4-3　　男式唐装短衫缝制、熨烫质量检验标准评分表
（参照世界技能大赛评分标准）

序号	评价项目	评价标准	分值	得分
1	外观	1. 成品整洁，无污渍、水花，线头修剪整齐 2. 各部位熨烫平服，无焦黄、污渍、极光 3. 经纬纱向、拼接范围、色差、疵点符合规定	10	
2	主要部位规格	1. 衣长公差不超过 ±1 cm 2. 袖长公差不超过 ±0.5 cm 3. 肩宽公差不超过 ±0.5 cm 4. 胸围公差不超过 ±1 cm 5. 领围公差不超过 ±0.5 cm	15	
3	领子	1. 领面平服不起泡，领型对称，领前止口顺直 2. 上领不偏斜，整齐牢固，领窝圆顺、不起皱	15	
4	袖子	两袖长短、袖口大小一致	10	

续表

序号	评价项目	评价标准	分值	得分
5	门里襟、衩、贴边	1. 门襟顺直，长短一致，不搅不豁，止口不反吐 2. 摆衩平直、合缝 3. 贴边服帖不起皱	20	
6	口袋	袋位端正、不偏斜，口袋缉线松紧适宜，无跳针	15	
7	盘扣	扣坨结实、饱满、圆顺，纽扣牢固、左右对称	10	
8	针脚	各部位针距密度符合标准，缝制牢固	5	
合计得分				

（2）请同学们以小组为单位，集中填写设备使用记录表（见表1-4-4）。

表1-4-4 设备使用记录表

使用设备名称		是否正常使用	
		是	否，是如何处理的
裁剪设备			
缝制设备			
整烫设备			

引导评价、更正与完善

在教师讲评引导的基础上，对本阶段的学习活动成果进行自我评价和小组评价（100分制），然后根据评价结果用红笔对本阶段引导问题的回答进行更正和完善。

项目	类别	分数	项目	类别	分数
个人自评分	关键能力		小组评分	关键能力	
	专业能力			专业能力	

（四）成果展示与评价反馈

1. 知识学习

任务完成后，需要对任务成果进行展示和评价，并对评价做出相应反馈。

（1）展示的基本方法：平面展示法、人台展示法和其他展示法。

平面展示法是将成品平铺在工作台上进行展示的方法。

人台展示法是将成品穿在人台上进行展示的方法。

其他展示法主要包括真人穿着展示和衣架悬挂展示等。

（2）评价的基本方法：观察法、比对法等。

观察法是指通过肉眼观察判断成品品质的一种评价方法。

比对法是指将成品与同学们的成品进行比对，检测成品是否一致的一种评价方法。

2. 技能训练

 实践

（1）将任务成果贴在黑板或白板上进行悬挂展示。

（2）依据表1-4-3，对男式唐装短衫的缝制、熨烫成果进行自我评价和小组评价。

3. 学习检验

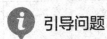 引导问题

（1）在教师的指导下，小组内进行作品展示，然后经由小组讨论，推选出一组最佳作品，进行全班展示与评价，并由组长简要介绍推选的理由，小组其他成员做补充并记录。

小组最佳作品制作人：_____

推选理由：_____

其他小组评价意见：_____

_____

教师评价意见：_____

_____

（2）将本次学习活动中出现的问题及其产生的原因和解决的办法填写在问题分

析及解决表（见表 1-4-5）中。

表 1-4-5 问题分析及解决表

出现的问题	产生的原因	解决的办法
1.		
2.		
3.		
4.		

自我评价

就本次学习活动中自己最满意的地方和最不满意的地方各列举一点，并简要说明原因，然后完成学习活动考核评价表（见表 1-4-6）的填写。

最满意的地方：_____

_____

最不满意的地方：_____

_____

表 1-4-6 学习活动考核评价表

学习活动名称：男式唐装短衫缝制、熨烫

班级： 学号： 姓名： 指导教师：

评价项目	评价标准	评价依据	评价方式及权重			权重	得分小计	总分
			自我评价	小组评价	教师（企业）评价			
			10%	20%	70%			
关键能力	1. 能穿戴劳保服装，执行安全操作规程 2. 能参与小组讨论，制订计划，相互交流与评价 3. 能积极参与学习活动 4. 能清晰、准确表达，与相关人员进行有效沟通 5. 能清扫场地，清理机台，归置物品，填写设备使用记录表	1. 课堂表现 2. 工作页填写				40%		

续表

评价项目	评价标准	评价依据	评价方式及权重			权重	得分小计	总分
			自我评价	小组评价	教师（企业）评价			
			10%	20%	70%			
专业能力	1. 能分辨男式唐装短衫的各部位裁片 2. 能叙述男式唐装短衫的制作流程 3. 能够熟练、准确地缝制男式唐装短衫，并对其进行熨烫整理 4. 能按照企业标准或世界技能大赛评分标准对男式唐装短衫缝制、熨烫成果进行检验，并进行展示	1. 课堂表现 2. 工作页填写 3. 提交的成品质量				60%		
指导教师综合评价								
	指导教师签名：			日期：				

三、学习拓展

说明：本阶段学习拓展建议课时为 2~4 课时，要求学生在课后独立完成。教师可根据本校的教学需要和学生的实际情况，选择部分或全部进行实践，也可另行选择相关拓展内容。

🛈 引导问题

请同学们查阅传统男式唐装短衫和改良版男式唐装短衫的结构图，通过小组讨论，回答下列问题。

（1）传统男式唐装短衫的结构和改良版男式唐装短衫的结构有什么区别？

_____

_____

（2）连袖和装袖在结构与穿着功能上各有什么特点？

_____

_____

（3）请参考图 1-4-34，试分析不同款式男式唐装短衫的结构变化原理。

_____

_____

图 1-3-34　不同款式的男式唐装短衫

📷 查询与收集

请同学们通过查阅相关学材，根据唐装的特征，收集唐装的创新方法，并将其记录下来。

_____

_____

学习活动 5
男式唐装短衫成品质量检验

🎯 学习目标

1. 能严格遵守工作制度，服从工作安排，按要求准备男式唐装短衫成品质量检验所需的工具、设备、材料与各项工艺文件。

2. 能正确识读男式唐装短衫成品质量检验的各项工艺文件，分析男式唐装短衫的款式特点。

3. 能查阅相关技术资料，制订男式唐装短衫成品质量检验的计划，并在教师的指导下，通过小组讨论做出决策。

4. 能按照企业标准（或参照世界技能大赛评分标准）对男式唐装短衫制作的工艺要求和质量要求进行分析，并依据其要求修正相关问题。

5. 能记录男式唐装短衫成品质量检验工作过程中的疑难点，在教师的指导下，通过小组讨论、合作探究或独立思考的方式提出妥善的问题解决办法，并在实践中解决问题。

6. 能展示、评价男式唐装短衫成品质量检验各阶段的成果，并根据评价结果，做出相应反馈。

一、学习准备

1. 准备服装检验工作室中的检验设备与工具。

2. 准备劳保服装、安全操作规程、服装质量检验相关学材。

3. 划分学习小组（每组5~6人），将分组信息填写在小组编号表（见表1-5-1）中。

表 1-5-1　　　　　　　　　　　　小组编号表

组号	组内成员及编号	组长姓名	组长编号	本人姓名	本人编号

 提示

　　请同学们自己检查一下，劳保服装有没有穿戴好？手机是否已经放入手机袋？请仔细阅读安全操作规程，将其要点摘录下来。

_____

_____

二、学习过程

（一）明确工作任务，获取相关信息

1. 知识学习

 引导问题

服装企业为什么要进行服装成品质量检验？

_____

_____

_____

💬 **讨论**

服装企业的成品质量检验包括哪些内容？

_____

_____

_____

ℹ **引导问题**

　　请同学们根据男式唐装短衫成品质量检验的要点进行分组检验，并把检验的结果填入男式唐装短衫成品质量检验结果表（表 1-5-2）中。

表 1-5-2　　　　　　男式唐装短衫成品质量检验结果表

检验要点	外观疵点	规格	经纬纱向	色差	缝制质量	熨烫质量
检验结果						

2. 学习检验

 引导问题

在教师的引导下,独立填写学习活动简要归纳表(见表 1-5-3)。

表 1-5-3　　　　　　　　学习活动简要归纳表

本次学习活动的名称	
本次学习活动的主要目标	
本次学习活动的内容	
本次学习活动中实现难度较大的地方	

查询与收集

通过网络浏览或资料查阅,总结男式唐装短衫成品质量检验的内容,并把收集的资料摘抄下来。

_____

_____

_____

_____

_____

引导评价、更正与完善

在教师讲评引导的基础上,对本阶段的学习活动成果进行自我评价和小组评价（100分制），然后根据评价结果用红笔对本阶段引导问题的回答进行更正和完善。

项目	类别	分数	项目	类别	分数
个人自评分	关键能力		小组评分	关键能力	
	专业能力			专业能力	

（二）制订男式唐装短衫成品质量检验的计划并决策

1. 知识学习

学习制订计划的基本方法、内容和注意事项，重点围绕学习活动展开。

制订计划的参考意见：整个工作的内容和目标是什么？整个工作分几步实施？过程中要注意哪些问题？小组成员之间应如何配合？出现问题应如何处理？

2. 学习检验

 引导问题

（1）请简要写出你所在小组的工作计划。

_____

_____

（2）你在制订计划的过程中承担了哪些工作？有什么体会？

_____

_____

（3）教师对小组的计划给出了哪些修改建议？为什么？

_____

_____

（4）你认为计划中哪些地方比较难实施？为什么？你有什么想法？

_____

_____

（5）小组最终做出了什么决定？决定是如何做出的？

_____

_____

_____

⊙✓× 引导评价、更正与完善

在教师讲评引导的基础上，对本阶段的学习活动成果进行自我评价和小组评价（100 分制），然后根据评价结果用红笔对本阶段引导问题的回答进行更正和完善。

项目	类别	分数	项目	类别	分数
个人自评分	关键能力		小组评分	关键能力	
	专业能力			专业能力	

（三）男式唐装短衫成品质量检验的实施

1. 知识学习

（1）整体质量要求。

1）衣长、胸围、肩宽、袖长和领围五个方面的尺寸必须符合规格要求。

2）领子烫领角衬，领头两边圆顺、对称、有窝势，领子翘势合理，领圈不起皱，装领圆顺，外围服帖。

3）袋口高低一致，内口袋尺寸小于外口袋 0.5 cm，口袋造型对称。

4）整件服装的止口顺直、窝服，无长短、翻吐现象。

5）领圈、前襟、衩、下摆、袖口等处使用贴边。

6）纽条内夹棉线条，扣坨结实饱满，直脚纽扣襻的扣脚与扣坨的扣脚长短一致。

7）所有明线顺直，宽窄一致。

8）外形整洁美观，熨烫平服，无极光、水花、折痕。

（2）缝制工艺要求。

1）针距要求。

机缝：采用 11 号机针缝制，线迹密度为 13~14 针 /3 cm，线迹松紧适度。

手缲：（底摆，领底，袖窿）10~12 针 /3 cm。

2）明线要求。

止口明线宽为 0.5 cm，小口袋和大口袋上口贴边为 0.8 cm。

3）材料的预缩要求。

面料：制作前进行预缩、定型。

衬料：充分预缩。

4）粘衬部位要求。

前门襟、挂面、翻领面、底领、底边、袖口等部位粘衬。

（3）缝制质量要求。

男式唐装短衫的缝制质量要求见表 1-5-4。

表 1-5-4 　　　　　　　　　男式唐装短衫的缝制质量要求表

部位	缝制质量要求
领	领型对称，面、里、衬松紧适宜，绱领圆顺，外围服帖，两领尖形状互差不大于 0.2 cm
前身	面、衬松紧适宜、服帖，前后高低互差不大于 0.4 cm；门襟止口平服、顺直，不搅不豁；大襟长于底襟 0.3 cm；袋与前身对条、对格，互差不大于 0.2 cm；前门襟止口顺直，丝绺斜的偏差不大于 0.3 cm；横料对横，互差不大于 0.2 cm；盘扣与扣眼相对，位置准确，盘扣牢固，高度适宜
后身	平服、自然，左右对称，腰部圆顺，无斜绺；与前衣片侧缝相结合处的侧缝对格互差不大于 0.3 cm
肩部	平服，自然，顺直
袖子	自然、服帖，条格顺直，左右对称；与大身对格互差不大于 0.4 cm，袖缝对格互差不大于 0.3 cm；袖口大小互差不大于 0.2 cm
明线	周身明线宽窄一致，互差不大于 0.1 cm，顺直清晰，松紧适宜
整烫	各部位整洁美观，平服自然，造型清晰；无亮光、水花、脏迹、烫黄、变色现象，无开线

引导问题

（1）服装领型的分类有哪些？男式唐装短衫的领型属于哪一类？其特点是什么？

_____

_____

_____

（2）在教师指导下，分组进行男式唐装短衫成品质量检验。

_____

_____

_____

（3）在教师指导下，分组进行男式唐装短衫做领、装领的质量要求分析。

2. 技能训练

 实践

试总结常用成衣质量检验的操作流程和要点，并总结服装生产过程中的质量控制内容。

3. 学习检验

（1）请同学们在教师的指导下，参照世界技能大赛评分标准，完成男式唐装短衫的成品质量检验，并填写男式唐装短衫成品质量检验标准评分表（见表1-5-5）。

表1-5-5 男式唐装短衫成品质量检验标准评分表（参照世界技能大赛评分标准）

序号	考核内容		考核要点	配分	评分标准	扣分	得分
1	缝制	成品规格	1. 衣长公差不超过±1 cm 2. 袖长公差不超过±0.8 cm 3. 胸围公差不超过±2 cm 4. 肩宽公差不超过±0.6 cm	6	全部符合要求得6分，1项不符合要求扣1分		
		线迹密度	线迹密度为13~14针/3 cm	2	不符合要求扣2分		
		领子	绱领端正、整齐，缉线牢固；领窝圆顺、平服；领子左右对称、平服；止口不外吐	16	绱领不端正、不整齐，缉线不牢固扣1分；领窝不圆顺、不平服扣2分；领子左右不对称、不平服扣2分；止口外吐扣2分		

序号	考核内容		考核要点	配分	评分标准	扣分	得分
1	缝制	袖子	两袖长短一致,袖口大小一致;袖子底边不起吊;装袖前后位置准确、对称	15	两袖长互差大于0.5 cm扣2分,两袖口大小互差大于0.3 cm扣2分;袖子底边起吊扣2分;装袖前后位置不准确、不对称扣2分		
		口袋	贴袋平服、方正,明线美观;袋位准确;袋位左右对称;规格尺寸符合要求;袋口封结牢固、美观	15	贴袋不平服、不方正,明线不美观扣2分;袋位不准确扣2分;袋位左右不对称扣1分;规格尺寸不符合要求扣1分;袋口封结不牢固、不美观扣1分		
		侧缝	侧缝顺直、平服	5	侧缝不顺直、不平服扣2分		
		前身下摆	前身摆角方正、平服,折边宽窄一致,底边扦针牢固	6	前身底摆方角不方正、不平服扣1分;折边宽窄互差大于0.5 cm扣1分;底边扦针不牢固扣1分		
		挂面	挂面平服、顺直,止口部位不外吐	10	挂面不平服、不顺直扣1分,止口部位外吐扣1分		
		扣位、纽襻	盘扣缝制位置正确、牢固;纽襻位置正确,线迹美观	5	盘扣缝制位置不正确、不牢固扣1分;纽襻位置不正确,线迹不美观扣1分		
2	熨烫与整理	成衣	胸部挺括,位置适宜、对称;腰节平服;成衣整洁,无污渍、水花和极光;面、里无死线头、线丁、粉印线	15	胸部不挺括,位置不适宜、不对称扣1分;腰节不平服、起裂扣1分;成衣表面有污渍、水花、极光扣1分;面、里有死线头、线丁、粉印线扣1分		

续表

序号	考核内容	考核要点	配分	评分标准	扣分	得分
3	设备的维护、保养与调整	正确使用设备，操作安全规范；使用设备过程中如出现常规故障，能自行调整解决；设备使用完毕后，进行正确的保养和维护；操作结束后清理工作台，整理好物品	5	未能正确使用设备，操作不安全规范扣2分；使用设备过程中如出现常规故障，不能自行调整解决扣1分；设备使用完毕后，未能进行正确的保养和维护扣1分；操作结束后未能清理工作台，未能整理好物品扣1分		
	合计得分		100			

（2）请同学们以小组为单位，集中填写设备使用记录表（见表1-5-6）。

表1-5-6　　　　　　　　　　设备使用记录表

使用设备名称	是否正常使用		
	是	否，是如何处理的	
裁剪设备			
缝制设备			
整烫设备			

引导评价、更正与完善

在教师讲评引导的基础上，对本阶段的学习活动成果进行自我评价和小组评价（100分制），然后根据评价结果用红笔对本阶段引导问题的回答进行更正和完善。

项目	类别	分数	项目	类别	分数
个人自评分	关键能力		小组评分	关键能力	
	专业能力			专业能力	

（四）成果展示与评价反馈

1. 知识学习

任务完成后，需要对任务成果进行展示和评价，并对评价做出相应反馈。

（1）展示的基本方法：平面展示法、人台展示法和其他展示法。

平面展示法是将成品平铺在工作台上进行展示的方法。

人台展示法是将成品穿在人台上进行展示的方法。

其他展示法主要包括真人穿着展示和衣架悬挂展示等。

（2）评价的基本方法：观察法、比对法等。

观察法是指通过肉眼观察判断成品品质的一种评价方法。

比对法是指将成品与同学们的成品进行比对，检测成品是否一致的一种评价方法。

2. 技能训练

 实践

（1）将成品穿在人台上进行展示。

（2）依据表 1-5-5，对男式唐装短衫成品质量检验进行自我评价和小组评价。

3. 学习检验

 引导问题

（1）在教师的指导下，小组内进行作品展示，然后经由小组讨论，推选出一组最佳作品，进行全班展示与评价，并由组长简要介绍推选的理由，小组其他成员做补充并记录。

小组最佳作品制作人：_____

推选理由：_____
_____

其他小组评价意见：_____
_____

教师评价意见：_____
_____

（2）将本次学习活动中出现的问题及其产生的原因和解决的办法填写在问题分析及解决表（见表 1-5-7）中。

表 1-5-7 问题分析及解决表

出现的问题	产生的原因	解决的办法
1.		
2.		
3.		
4.		

自我评价

就本次学习活动中自己最满意的地方和最不满意的地方各列举一点，并简要说明原因，然后完成学习活动考核评价表（见表 1-5-8）的填写。

最满意的地方：_____

_____

最不满意的地方：_____

_____

表 1-5-8 学习活动考核评价表

学习活动名称：男式唐装短衫成品质量检验

班级： 学号： 姓名： 指导教师：

评价项目	评价标准	评价依据	评价方式及权重			权重	得分小计	总分
			自我评价	小组评价	教师（企业）评价			
			10%	20%	70%			
关键能力	1. 能穿戴劳保服装，执行安全操作规程 2. 能参与小组讨论，制订计划，相互交流与评价 3. 能积极参与学习活动 4. 能清晰、准确表达，与相关人员进行有效沟通 5. 能清扫场地，清理机台，归置物品，填写设备使用记录表	1. 课堂表现 2. 工作页填写				40%		

续表

评价项目	评价标准	评价依据	评价方式及权重			权重	得分小计	总分
			自我评价	小组评价	教师（企业）评价			
			10%	20%	70%			
专业能力	1. 专业地完成男式唐装短衫制作 2. 掌握男式唐装短衫的成品质量检验方法 3. 了解男式唐装短衫的工艺要求 4. 能按照企业标准或世界技能大赛评分标准对服装的成品进行检验，并进行展示	1. 课堂表现 2. 工作页填写 3. 提交的成品质量				60%		
指导教师综合评价								
指导教师签名：			日期：					

三、学习拓展

说明：本阶段学习拓展建议课时为 2~4 课时，要求学生在课后独立完成。教师可根据本校的教学需要和学生的实际情况，选择部分或全部进行实践，也可另行选择相关拓展内容。

拓展

请同学们通过查阅相关知识和小组讨论，回答下列问题。

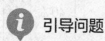

引导问题

（1）男式唐装短衫缝制的工艺方法是什么？

_____

_____

（2）传统男式唐装短衫缝制主要使用手缝工艺，其中需要用到的现代缝制设备有哪些？它们分别有哪些功能？

_____

_____

（3）传统男式唐装短衫面料主要是棉、麻和丝织物，领和贴边主要用糨糊使局部挺括。现代科技的不断发展给改良版男式唐装短衫面辅料的选用带来了哪些变化？

_____

_____

_____

（4）传统男式唐装短衫纽扣多是手工盘扣，领、袖口、门襟的改良装饰手法有很多，请同学们收集相关实物图片并进行展示。

_____

_____

查询与收集

请同学们通过查阅男式唐装短衫的相关学材，了解男式唐装短衫的整理、洗涤与收藏方法，并将其记录下来。

_____

_____

学习任务二
旗袍制作

学习目标

1. 能识读旗袍生产工艺单的内容，明确加工内容、加工数量、工期等生产要求和工艺要求，按要求领取工具和材料。

2. 能核对旗袍裁剪样板，对面辅料的色差、疵点、纬斜、脏残、倒顺等问题进行检查并标记；能根据面料特性进行预缩、熨烫等处理；能正确排版、裁剪。

3. 能根据旗袍结构特点、工艺要求和面料特性，合理选择、调试、使用和维护加工设备，按照生产安全防护规定，执行安全操作规程。

4. 能根据任务要求，合理确定工艺制作方法，独立完成旗袍的制作。在制作过程中运用推、归、拔、烫等技术手法使旗袍的胸部圆润饱满，腰线柔顺流畅；利用面料的斜丝，使用镶、盘、绲、绣等手工工艺体现旗袍的精巧细腻之美。

5. 能使用专业术语与相关人员进行有效沟通，妥善解决制作过程中的疑难问题。

6. 能按照成品质量检验标准（可参考世界技能大赛时装技术项目标准）对旗袍进行自检、修改，确保成品质量。

7. 能按照工作流程和要求，对合格成品、样板和相关技术资料进行整理保管。

8. 能正确使用、保养设备并认真填写设备使用记录表。

9. 在工作过程中，能遵守"8S"管理规定，养成认真负责、规范有序、严谨细致、保证质量等良好的职业素养。

建议学时

80 学时。

学习任务描述

假设你是一名样衣师，服装公司生产部门接到旗袍制作任务，要求制作一件旗袍，生产部门将该任务交给样衣师。

样衣师接到任务并明确目标后，领取相关材料并进行检验处理，然后独立完成排版、裁剪、缝制、熨烫和检验工作。裁剪时，样衣师需认真检查面料，复核幅宽，核对裁剪样板，准确裁剪。制作时，样衣师应根据工艺要求，做到缝份一致，点位对齐，熨烫到位，领子服帖、左右对称，袖山圆顺，袖子位置一致，止口顺直、不豁不搅，胸部造型饱满挺括，腰线圆顺流畅，并对缝制过程中的疑难问题和解决措施进行记录。制作完成后，样衣师要按照生产工艺单的要求进行成品质量检验，对不合格的部分进行修正，确保成品质量。制作结束后，样衣师要清扫场地，清理机台，归置物品，填写设备使用记录表，提交旗袍成品并进行展示和评价。

学习活动

1. 旗袍工艺文件识读
2. 旗袍制作前期准备
3. 旗袍排料、裁剪
4. 旗袍缝制、熨烫
5. 旗袍成品质量检验

学习活动 1
旗袍工艺文件识读

🎯 学习目标

1. 能严格遵守工作制度，服从工作安排，按要求准备旗袍制作所需的工具、设备、材料与各项工艺文件。

2. 能正确识读旗袍制作的各项工艺文件，明确旗袍制作的流程、方法和注意事项。

3. 能查阅相关技术资料，制订符合旗袍制作任务要求的计划，并在教师的指导下，通过小组讨论做出决策。

4. 能依据工艺文件要求，结合旗袍制作规范，独立完成旗袍工艺文件识读、检查与复核工作。

5. 能正确填写或编制旗袍的相关工艺文件。

6. 能记录旗袍工艺文件识读过程中的疑难点，在教师的指导下，通过小组讨论、合作探究或独立思考的方式提出妥善的问题解决办法，并在实践中解决问题。

7. 能按照工作流程和要求，进行资料归类和制作现场整理。

8. 能展示、评价旗袍工艺文件识读各阶段的成果，并根据评价结果，做出相应反馈。

一、学习准备

1. 准备服装制作学习工作室中的缝制设备与工具、整烫设备与工具。

2. 准备劳保服装、安全操作规程、旗袍生产工艺单（1）（见表2-1-1）、旗袍缝制工艺相关学材。

3. 划分学习小组（每组5~6人），将分组信息填写在小组编号表（见表2-1-2）中。

表 2-1-1　　　　　　　　旗袍生产工艺单（1）

款式名称	旗袍					
款式图与款式说明						款式说明： 立领，偏门襟，盘扣，绲边，短袖，左右两侧下端开衩，真丝或仿真丝面料
部位（cm）	S	M	L	档差	公差	封样意见：
	160/84A	165/88A	170/92A			
衣长	130	132	134	2	±2	
胸围	88	92	96	4	±2	
领围	38	38.5	39	0.5	±0.5	
肩宽	38	39	40	1	±0.5	
腰围	70	74	78	4	±2	
臀围	92	96	100	4	±2	
袖长	14.5	15	15.5	0.5	±0.5	
制版工艺要求	1.制版要充分考虑款式特征、面料特性和工艺要求 2.样板结构合理，尺寸符合规格要求，对合部位长短一致 3.结构图干净整洁，标注清晰规范 4.辅助线、轮廓线清晰，线条平滑、圆顺、流畅 5.样板类型齐全，数量准确，标注规范 6.省、褶、剪口、钻孔等位置正确，标记齐全，缝份、折边量符合要求 7.样板轮廓光滑、顺畅，无毛刺 8.结构图与样板校验无误					
排料要求	1.合理、灵活应用"先大后小，紧密套排，缺口合并，大小搭配"的排料原则 2.确保部件齐全，排列紧凑，套排合理，丝绺正确，拼接适当，减少空隙，两端齐口，既要符合质量要求，又要节约原料 3.合理解决倒顺毛、倒顺光、倒顺花、色差等面料问题，并使之符合对条、对格、对花等要求					

续表

算料要求	1. 充分考虑款式的特点、服装的规格、色号的配比、具体的工艺要求和裁剪损耗，结合具体的布料幅宽和特性进行算料 2. 算料把握"宁略多，勿偏少"的原则
制作工艺要求	1. 原料经纬向：前衣片、后衣片、袖片、领面、领里均用直料；前衣片以前中心线为准，经向不允许倾斜；后衣片以后中心线为准，经向不允许倾斜；袖片以袖中线为准，倾斜偏差小于 0.5 cm，领头经向倾斜偏差小于 0.5 cm 2. 倒顺：有倒顺的面料，全身顺向一致；如面料上有特殊图案，则以主图案为中心；如面料上有对称图案，则保持左右领子图案对称 3. 色差：服装主要部位如大身、袖子、领面无色差 4. 外观疵点：每一裁片最多允许有一处疵点 5. 针距：14~18 针 /3 cm 6. 钉扣：14~16 针 /3 cm（中式纽扣）
制作流程	检查裁片→粘衬→缉省、烫省及归拔前衣片、后衣片→敷牵带→做绲边→做前、后衣片夹里→合肩缝→合侧缝→固定里子和衣片→装拉链→做领、装领→做袖、装袖→做盘扣、钉盘扣→整烫→检验
成品外观质量要求	1. 成品整洁，外形美观，线条流畅 2. 绲条宽窄一致，顺直平服 3. 领头左右对称，两端圆顺，上领两端平齐 4. 装袖圆顺，左右对称 5. 开衩平服，长短一致，无豁开，夹里平服 6. 拉链平服，不外露 7. 各部位缉线顺直，松紧适宜，缝份宽窄一致 8. 成品尺寸符合规格要求
备注	

表 2-1-2　　　　　　　　小组编号表

组号	组内成员及编号	组长姓名	组长编号	本人姓名	本人编号

提示

请同学们自己检查一下，劳保服装有没有穿戴好？手机是否已经放入手机袋？请仔细阅读安全操作规程，将其要点摘录下来。

_____

_____

二、学习过程

（一）明确工作任务，获取相关信息

1. 知识学习

引导问题

按照穿着场合的不同，可以将旗袍分为几类？每一类分别有什么特点？

_____

_____

小贴士

旗袍可分为日常旗袍和礼服旗袍两类。

（1）日常旗袍。

日常旗袍主要有夏季日常旗袍和春秋日常旗袍两种（见图 2-1-1）。

图 2-1-1　日常旗袍

（2）礼服旗袍。

礼服旗袍也称正装旗袍，一般是指出席重大场合时穿着的旗袍，如参加重要会议、宴会或晚会时穿着的旗袍（见图 2-1-2）。

图 2-1-2　礼服旗袍

 讨论

请同学们以小组为单位收集旗袍图片，并结合旗袍实物，分析旗袍的款式特征和美感特征，进行小组讨论并简述讨论结果。

_____

_____

_____

_____

 引导问题

请同学们在旗袍基础变化识别表（见表 2-1-3）所示图片的下方填写该款旗袍的款式变化部位。

表 2-1-3　　　　　　　　　　　旗袍基础变化识别表

旗袍图片			
款式变化部位			

续表

旗袍图片	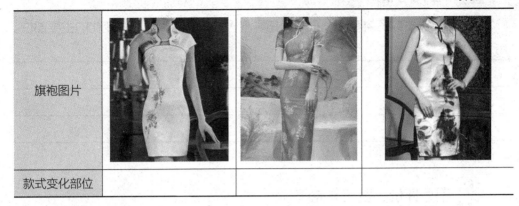		
款式变化部位			

2. 学习检验

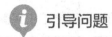 引导问题

（1）在教师的引导下，独立填写学习活动简要归纳表（见表 2-1-4）。

表 2-1-4　　　　　　　　　学习活动简要归纳表

本次学习活动的名称	
本次学习活动的主要目标	
本次学习活动的内容	
本次学习活动中实现 难度较大的地方	

（2）请同学们对照旗袍实物，分析旗袍的主要工艺特点。

_____

_____

_____

 讨论

请每组选择一款门襟有变化的旗袍，讨论缝制工艺需要做哪些调整。

_____

_____

_____

查询与收集

通过网络浏览或资料查阅，在教师指导下，分析影响旗袍款式变化的主要部位。

_____

_____

_____

_____

引导评价、更正与完善

在教师讲评引导的基础上，对本阶段的学习活动成果进行自我评价和小组评价（100 分制），然后根据评价结果用红笔对本阶段引导问题的回答进行更正和完善。

项目	类别	分数	项目	类别	分数
个人自评分	关键能力		小组评分	关键能力	
	专业能力			专业能力	

（二）制订旗袍工艺文件识读的计划并决策

1. 知识学习

学习制订计划的基本方法、内容和注意事项，重点围绕学习活动展开。

制订计划的参考意见：整个工作的内容和目标是什么？整个工作分几步实施？过程中要注意哪些问题？小组成员之间应如何配合？出现问题应如何处理？

2. 学习检验

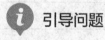

引导问题

（1）请简要写出你所在小组的工作计划。

_____

_____

_____

（2）你在制订计划的过程中承担了哪些工作？有什么体会？

_____

_____

（3）教师对小组的计划给出了哪些修改建议？为什么？

_____

_____

（4）你认为计划中哪些地方比较难实施？为什么？你有什么想法？

_____

_____

_____

（5）小组最终做出了什么决定？决定是如何做出的？

_____

_____

_____

_____

引导评价、更正与完善

在教师讲评引导的基础上，对本阶段的学习活动成果进行自我评价和小组评价（100分制），然后根据评价结果用红笔对本阶段引导问题的回答进行更正和完善。

项目	类别	分数	项目	类别	分数
个人自评分	关键能力		小组评分	关键能力	
	专业能力			专业能力	

（三）旗袍制作工艺文件识读的实施

> **小贴士**
>
> 图2-1-3中的旗袍采用的是圆角的中式立领，两侧摆缝下端开衩，前衣片、后衣片的腰部收省，领口、开襟、底摆、袖窿处镶绲条，肩缝、侧缝、绲边都采用手缝针缝制，体现旗袍的传统性和民族性。

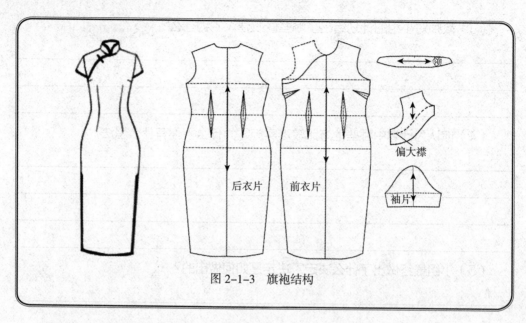

图 2-1-3 旗袍结构

（图中标注：领、偏大襟、袖片、后衣片、前衣片）

引导问题

（1）旗袍前衣片收了腋下省和胸腰省，这一工艺手法有何作用？

_____

_____

_____

（2）按照旗袍生产工艺单中的号型规格，尝试推算 XS 号、XL 号旗袍各部位
的尺寸。

_____

_____

_____

（3）参照旗袍生产工艺单，试述排料前生产样板的检查方法。

_____

_____

_____

（4）参照旗袍生产工艺单，试述旗袍排料、裁剪的要求。

_____

_____

_____

（5）在旗袍生产工艺单中，关于排料裁剪的要求有哪些？

_____

_____

_____

（6）在旗袍生产工艺单中，关于针距调整的要求有哪些？

_____

_____

_____

引导评价、更正与完善

在教师讲评引导的基础上，对本阶段的学习活动成果进行自我评价和小组评价（100 分制），然后根据评价结果用红笔对本阶段引导问题的回答进行更正和完善。

项目	类别	分数	项目	类别	分数
个人自评分	关键能力		小组评分	关键能力	
	专业能力			专业能力	

（四）成果展示与评价反馈

1. 知识学习

任务完成后，需要对任务成果进行展示和评价，并对评价做出相应反馈。

（1）展示的基本方法：平面展示法、人台展示法和其他展示法。

平面展示法是将成品平铺在工作台上进行展示的方法。

人台展示法是将成品穿在人台上进行展示的方法。

其他展示法主要包括真人穿着展示和衣架悬挂展示等。

（2）评价的基本方法：观察法、比对法等。

观察法是指通过肉眼观察判断成品品质的一种评价方法。

比对法是指将成品与同学们的成品进行比对，检测成品是否一致的一种评价方法。

2. 技能训练

 实践

（1）展示学生对旗袍款式变化的分析结果。

（2）在旗袍生产工艺单（2）（见表2-1-5）中，填写旗袍生产工艺单空白处的内容。

表2-1-5　　　　　　　　旗袍生产工艺单（2）

款式名称	旗袍					
款式图与款式说明						款式说明：_____
部位（cm）	S	M	L	档差	公差	封样意见：
	160/84A	165/88A	170/92A			
衣长	130		134	2	±2	
胸围	88	92		4	±2	
领围	38	38.5	39		±0.5	
肩宽		39	40	1	±0.5	
腰围	70		78	4	±2	
臀围	92	96		4	±2	
袖长	14.5		15.5	0.5	±0.5	

制版工艺要求
1. 制版要充分考虑款式特征、面料特性和_____
2. 样板结构合理，尺寸符合规格要求，对合部位_____
3. 结构图干净整洁，标注_____
4. _____线、_____线清晰，线条平滑、圆顺、流畅
5. 样板_____齐全，数量准确，标注规范
6. 省、褶、剪口、钻孔等位置正确，标记齐全，缝份、折边量符合要求
7. 样板轮廓_____
8. _____图与样板校验无误

排料裁剪要求
1. 合理、灵活应用"_____"的排料原则
2. 确保部件齐全，排列_____，套排合理，丝缕_____，拼接适当，减少空隙，两端齐口，既要符合质量要求，又要_____
3. 合理解决倒_____、倒_____、倒_____、色差等面料问题，并使之符合对条、对格、对花等要求

续表

算料要求	1. 充分考虑款式的特点、服装的规格、色号的配比、具体的工艺要求和裁剪损耗，结合具体的布料_____进行算料 2. 算料应把握"_____"的原则
制作工艺要求	1. 原料经纬向：前衣片、后衣片、袖片、领面、领里均用直料；前衣片以_____为准，经向不允许倾斜；后衣片以_____为准，经向不允许倾斜；袖片以袖中线为准，倾斜偏差小于_____cm，领头经向倾斜偏差小于_____cm 2. 倒顺：有倒顺的面料，全身顺向_____；如面料有特殊图案，则以主图案为中心；如面料有对称图案，则保持左右领子图案对称 3. 色差：服装主要部位如大身、袖子、领面无色差 4. 外观疵点：每一裁片最多允许有_____处疵点 5. 针距：_____针/3 cm 6. 钉扣：_____针/3 cm（中式纽扣）
制作流程	检查裁片→粘衬→缉省、烫省及归拔前衣片、后衣片→_____→做绲边→做前、后衣片夹里→合_____缝→合_____缝→固定里子和衣片→装拉链→做领、装领→做袖、装袖→_____→整烫→检验
成品外观质量要求	1. 成品整洁，外形美观，_____流畅 2. 绲条_____一致，顺直平服 3. 领头左右对称，两端圆顺，上领两端_____ 4. 装袖圆顺，左右_____ 5. 开衩平服，长短一致，无_____，夹里平服 6. 拉链平服，不_____ 7. 各部位缉线顺直，_____适宜，缝份宽窄一致 8. 成品尺寸符合_____要求
备注	

3. 学习检验

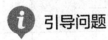 引导问题

（1）在教师的指导下，对照表 2-1-5，小组内进行作品展示，然后经由小组讨论，推选出一组最佳作品，进行全班展示与评价，并由组长简要介绍推选的理由，小组其他成员做补充并记录。

小组最佳作品制作人：_____

推选理由：_____

其他小组评价意见：_____

教师评价意见：_____

（2）将本次学习活动中出现的问题及其产生的原因和解决的办法填写在问题分析及解决表（见表2-1-6）中。

表 2-1-6　　　　　　　　　　问题分析及解决表

出现的问题	产生的原因	解决的办法
1.		
2.		
3.		
4.		

自我评价

就本次学习活动中自己最满意的地方和最不满意的地方各列举一点，并简要说明原因，然后完成学习活动考核评价表（见表2-1-7）的填写。

最满意的地方：_____

最不满意的地方：_____

表 2-1-7　　　　　　　　　　学习活动考核评价表

学习活动名称：旗袍工艺文件识读

班级：　　　　学号：　　　　姓名：　　　　指导教师：

评价项目	评价标准	评价依据	评价方式及权重			权重	得分小计	总分
			自我评价	小组评价	教师（企业）评价			
			10%	20%	70%			
关键能力	1. 能穿戴劳保服装，执行安全操作规程 2. 能参与小组讨论，制订计划，相互交流与评价 3. 能积极参与学习活动 4. 能清晰、准确表达，与相关人员进行有效沟通 5. 能清扫场地，清理机台，归置物品，填写设备使用记录表	1. 课堂表现 2. 工作页填写				40%		

续表

评价项目	评价标准	评价依据	评价方式及权重			权重	得分小计	总分
			自我评价	小组评价	教师（企业）评价			
			10%	20%	70%			
专业能力	1. 能区分不同的旗袍款式类型 2. 能叙述旗袍生产工艺单的具体内容 3. 能识读旗袍生产工艺单，明确工艺要求，叙述制作流程	1. 课堂表现 2. 工作页填写 3. 提交的成品质量				60%		
指导教师综合评价	指导教师签名： 日期：							

三、学习拓展

说明：本阶段学习拓展建议课时为 2~4 课时，要求学生在课后独立完成。教师可根据本校的教学需要和学生的实际情况，选择部分或全部进行实践，也可另行选择相关拓展内容。

📖 拓展

请同学们在教师指导下，通过小组讨论交流，尝试完成图 2-1-4 所示旗袍生产工艺单的制作。

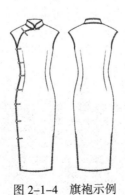

图 2-1-4 旗袍示例

查询与收集

请同学们通过查阅相关学材，选择 1~2 个旗袍生产工艺单，摘录其工艺要求和
制作流程。

_____

_____

学习活动 2
旗袍制作前期准备

🎯 学习目标

1. 能严格遵守工作制度，服从工作安排，按要求准备好旗袍制作前期准备所需的工具、设备、材料与各项工艺文件。

2. 能查阅相关技术资料，制订旗袍制作的计划，并在教师的指导下，通过小组讨论做出决策。

3. 能依据工艺文件要求，结合旗袍制作规范，独立完成旗袍制作的前期准备工作。

4. 能按照企业标准（或参照世界技能大赛评分标准）对旗袍制作前期准备工作进行检验，并依据检验结果修正相关问题。

5. 能记录旗袍制作前期准备工作过程中的疑难点，在教师的指导下，通过小组讨论、合作探究或独立思考的方式提出妥善的问题解决办法，并在实践中解决问题。

6. 能展示、评价旗袍制作前期准备各阶段的成果，并根据评价结果，做出相应反馈。

一、学习准备

1. 准备服装制作学习工作室中的缝制设备与工具、整烫设备与工具。

2. 准备劳保服装、安全操作规程、生产工艺单、旗袍缝制工艺相关学材。

3. 划分学习小组（每组5~6人），将分组信息填写在小组编号表（见表2-2-1）中。

表 2-2-1 小组编号表

组号	组内成员及编号	组长姓名	组长编号	本人姓名	本人编号

提示

请同学们自己检查一下，劳保服装有没有穿戴好？手机是否已经放入手机袋？请仔细阅读安全操作规程，将其要点摘录下来。

二、学习过程

（一）明确工作任务，获取相关信息

1. 知识学习

引导问题

请同学们根据所学服装材料知识，分析哪些面料适合做旗袍。

小贴士

不同质地的面料制成的旗袍具有不同的风格和韵味。例如，深色的高级丝绒面料制成的旗袍具有华贵的气质；毛料旗袍透露出成熟和稳重的知性美；用优质的丝绸或棉纱缝制的旗袍轻盈柔美，能表现出穿着者典雅、宁静的气质。

清代光绪年间，纺织品的进口数量较多，据记载，当时的北京地区"外贸风行，土布渐归淘汰，布商之兼营洋布者十有八九"。进口洋布逐渐被应用于旗袍的制作中。

到 20 世纪 40 年代后期，国产纺织品也不断推陈出新，如软缎、纺锦缎、古香缎和织锦缎等丝绸新品种开始应用于女装，印花布也更广泛地应用于时装，女性在旗袍面料的选择上有了很大空间，旗袍呈现出崭新的面貌。

讨论

请根据前文，分析旗袍面料的发展变化，并列举几种旗袍制作的常见面料。

_____

_____

_____

引导问题

请同学们在不同时期的旗袍面料识别表（见表2-2-2）所示图片的下方填写图中所示旗袍面料的特点。

表 2-2-2　　　　　　　不同时期的旗袍面料识别表

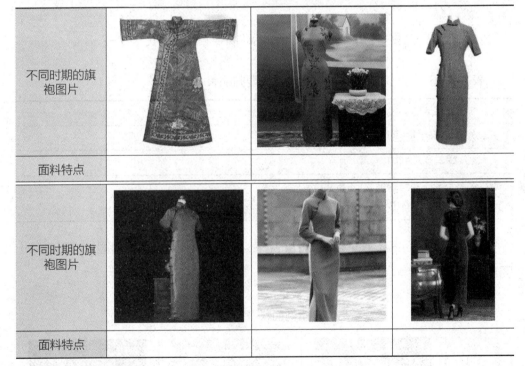

┌─── 📋 小贴士 ───

旗袍材料的要求包括面料、里料和辅料三个方面。

（1）面料要求。旗袍的面料通常选用真丝或仿真丝绸缎、丝绒、立绒等高档服装面料。

（2）里料要求。旗袍的里料通常选用柔软轻薄，光滑易穿，透气性良好，与面料颜色相近或与面料颜色协调的真丝或仿真丝织物。

（3）辅料要求。旗袍的辅料可分为下列四种。

绲条：选用与面料颜色相同或协调的丝绸或缎类正斜料。

纽扣：选用与绲条颜色和质地相同的盘花纽扣。

拉链：选用与面料颜色接近的隐形拉链。

缝线：选用 20~30 号丝线，缝线颜色应与面料一致。

2. 学习检验

 引导问题

（1）在教师的引导下，独立填写学习活动简要归纳表（见表 2-2-3）。

表 2-2-3　　　　　　　　　学习活动简要归纳表

本次学习活动的名称	
本次学习活动的主要目标	
本次学习活动的内容	
本次学习活动中实现难度较大的地方	

（2）请同学们在旗袍面料识别表（见表 2-2-4）所示旗袍面料图片的下方写出图示面料的名称。

表 2-2-4　　　　　　　　　旗袍面料识别表

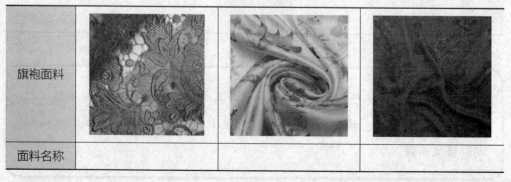

旗袍面料			
面料名称			

续表

旗袍面料			
面料名称			
旗袍面料			
面料名称			

（3）分析表 2-2-4 中各旗袍面料的特点。

_____

_____

_____

🔍 查询与收集

通过网络浏览或资料查阅，整理并简述适合制作旗袍的常见面料的名称和特征。

_____

_____

_____

_____

_____

✓× 引导评价、更正与完善

在教师讲评引导的基础上，对本阶段的学习活动成果进行自我评价和小组评价（100 分制），然后根据评价结果用红笔对本阶段引导问题的回答进行更正和完善。

项目	类别	分数	项目	类别	分数
个人自评分	关键能力		小组评分	关键能力	
	专业能力			专业能力	

（二）制订旗袍制作前期准备的计划并决策

1. 知识学习

学习制订计划的基本方法、内容和注意事项，重点围绕学习活动展开。

制订计划的参考意见：整个工作的内容和目标是什么？整个工作分几步实施？过程中要注意哪些问题？小组成员之间应如何配合？出现问题应如何处理？

2. 学习检验

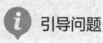 引导问题

（1）请简要写出你所在小组的工作计划。

_____

_____

_____

（2）你在制订计划的过程中承担了哪些工作？有什么体会？

_____

_____

（3）教师对小组的计划给出了哪些修改建议？为什么？

_____

_____

（4）你认为计划中哪些地方比较难实施？为什么？你有什么想法？

_____

_____

（5）小组最终做出了什么决定？决定是如何做出的？

_____

_____

引导评价、更正与完善

在教师讲评引导的基础上，对本阶段的学习活动成果进行自我评价和小组评价（100 分制），然后根据评价结果用红笔对本阶段引导问题的回答进行更正和完善。

项目	类别	分数	项目	类别	分数
个人自评分	关键能力		小组评分	关键能力	
	专业能力			专业能力	

（三）旗袍制作前期准备的实施

1. 知识学习

（1）旗袍常用面料的特性认知。

传统的旗袍面料多会选择历史比较悠久的真丝和织锦缎，这类面料本身有着古典的味道，与旗袍本身的特质相契合。不过，随着时代的发展和技术的进步，可选做旗袍的面料越来越多了。常见的旗袍面料有以下八种。

1）织锦缎。

织锦缎是 19 世纪末在我国江南织锦的基础上发展而成的，它花纹精致，色彩绚丽，质地紧密厚实，表面富有光泽，是我国丝绸中的代表性品种（见图 2-2-1）。

织锦缎面料柔滑，有质感，有垂势。由于制作工艺比较复杂，耗费大量人力，面料价格昂贵。织锦缎常出现在婚庆典礼场合。

图 2-2-1 织锦缎

2）镂空绣花面料。

镂空绣花面料是一种高档的新面料，它在原有面料的基础上加入了绣花和后整理工艺，改变了原有面料的肌理效果，使面料更有艺术感和时尚感。大多数镂空绣花面料用纯棉、高档雪纺、丝棉或其他垂感较好的材料制作而成（见

图 2-2-2)。

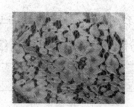

图 2-2-2　镂空绣花面料

3）电力纺。

电力纺是桑蚕丝类的丝织物，是一种高档面料（见图 2-2-3）。电力纺织物质地紧密细致，手感柔软，光泽柔和，穿着滑爽舒适。重磅的电力纺主要用作夏季衬衫、裙子面料及儿童服装面料，中磅的电力纺可用作服装里料，轻磅的电力纺可用作衬裙、头巾等的面料。

图 2-2-3　电力纺

4）真丝。

真丝一般指蚕丝，包括桑蚕丝、柞蚕丝、蓖麻蚕丝、木薯蚕丝等。真丝光泽柔和，手感柔软，质地细腻。两块真丝面料相互揉搓，能发出特殊的声响，这种声响俗称"丝鸣"或"绢鸣"。将真丝用手攥紧后放开，出现的褶皱少且不明显（见图 2-2-4 ）。

图 2-2-4　真丝

5）香云纱。

香云纱是制作旗袍的首选面料。它有排汗、透气、不贴身、不显皱、颜色光泽经久不变的特点，故成为了众多旗袍爱好者的最爱。香云纱的旗袍一般略带暗色调，颜色比较深沉。这是由于香云纱在制作的过程中要用到薯莨和河泥，薯莨中的鞣酸质会与河泥中的铁质发生反应，使得香云纱的一面为有光泽的黑色，另一面为黄褐色（见图2-2-5）。这也是它区别于其他面料的特别之处。

图 2-2-5　香云纱

6）古香缎。

古香缎是由织锦缎派生的面料品种之一，也是杭州特产之一。古香缎是由真丝经与有光人造丝纬交织的熟织提花织物。古香缎色彩淳朴，古色古香。它是一组经与三组纬交织的纬三重纹织物。由于古香缎具有弹性好，挺而不硬，软而不疲的特性，它是女性做西式睡衣的理想面料（见图2-2-6）。

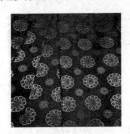

图 2-2-6　古香缎

7）棉麻面料。

棉麻面料是由一半棉和一半麻混合纺织而成的面料，兼具棉和麻的特点。棉麻面料具有抗静电，不起球，不卷边，透气性、透汗性好，舒适，止痒，自然环保等优点，但也具有不抗皱、手感粗糙的缺点（见图2-2-7）。

图 2-2-7　棉麻面料

8）丝绒。

丝绒的质地顺滑、细腻、厚重，有良好的垂感。丝绒的色彩鲜艳，表面可随光线的变化产生不同的光泽。丝绒制成的旗袍触感柔软，色泽华丽，不需要过多的装饰，单单是面料本身在静动之间的光泽流转变化就足以展现丝绒面料独特的魅力，体现穿着者的美艳大方、雍容华贵（见图2-2-8）。

图 2-2-8　丝绒

（2）旗袍样板面料、里料的核对。

旗袍面料、里料样板包括以下内容。

1）面料样板包括前衣片、后衣片、袖片、底襟、偏襟贴边、领子等。

2）里料样板包括前里、后里、袖里、底襟里等（见图2-2-9）。

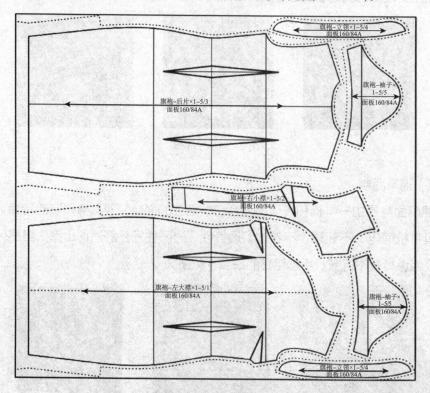

图 2-2-9　里料样板

2. 技能训练

 实践

（1）请同学们在教师的示范指导下，进行旗袍面辅料的识别，然后查阅相关学材，并独立回答下列五个问题。

1）旗袍常用面料的品种有哪些？

_____

_____

2）电力纺与真丝绸的差别是什么？

_____

_____

3）香云纱的特征是什么？

_____

_____

4）棉麻面料的优缺点分别有哪些？

_____

_____

_____

5）丝绒面料的质感是什么样的？它体现了怎样的美感？

_____

_____

_____

（2）请同学们在教师的示范指导下，对使用不同面料制成的旗袍进行分析，并独立回答下列三个问题。

1）棉麻面料制成的旗袍有什么特征？

_____

_____

2）羊毛面料可以用来制作旗袍吗？

_____

_____

3）使用真丝面料制作旗袍，在算料的时候要考虑哪些因素？

_____

_____

3. 学习检验

（1）请同学们在教师的指导下，参照生产工艺单的要求，完成旗袍生产样板核对检验，独立填写旗袍生产样板核对评分表（见表2-2-5），并将旗袍样板修改调整到位。

表2-2-5　　　　　　　　　　旗袍生产样板核对评分表

序号	分值	评分内容		评分标准	得分
1	15	完整度	样板完整，无缺失部位	有一处缺失扣5分，扣完为止	
2	15	整洁度	样板干净、整洁，无脏斑、破损	有一处错误扣5分，扣完为止	
3	20	规格	号型、尺寸符合要求，各部位无误差	有一处错误扣5分，扣完为止	
4	10	样板标注	丝绺标注准确，产品款号正确，面料、里料用料明确	有一处错误扣5分，扣完为止	
5	10	对位记号	缝制对位记号准确、齐全，眼刀记号深浅符合要求	有一处不符扣5分，扣完为止	
6	20	外观	样板光滑无棱角，弧线流畅，直线顺直	有一处错误扣5分，扣完为止	
7	10	工作区整洁	工作结束后，工作区要整理干净，物品摆放整齐，电源关闭	有一项不到位扣5分，扣完为止	
合计得分					

（2）请同学们以小组为单位，集中填写设备使用记录表（见表2-2-6）。

表2-2-6　　　　　　　　　　设备使用记录表

使用设备名称		是否正常使用	
		是	否，是如何处理的
打版桌			
计算机设备			
CAM裁剪设备			

引导评价、更正与完善

在教师讲评引导的基础上，对本阶段的学习活动成果进行自我评价和小组评价（100分制），然后根据评价结果用红笔对本阶段问题的回答进行更正和完善。

项目	类别	分数	项目	类别	分数
个人自评分	关键能力		小组评分	关键能力	
	专业能力			专业能力	

（四）成果展示与评价反馈

1. 知识学习

旗袍常用面料的检测方法可分为手感和目测法、显微镜观察法和燃烧法三种。

（1）手感和目测法。

手感和目测法适用于检测呈散纤维状态的纺织原料。手感和目测法有下列四项要点需要注意。

1）棉纤维和苎麻纤维与其他麻类的工艺纤维、毛纤维相比，更短，更细，且常附有各种杂质和疵点。

2）麻纤维手感较粗硬。

3）羊毛纤维卷曲而富有弹性。

4）蚕丝是长丝，通常长而纤细，具有特殊光泽。

（2）显微镜观察法。

显微镜观察法是根据纤维的纵面、截面形态特征来识别纤维的检测方法。常见的四种纤维在显微镜下的特点如下所示。

1）棉纤维：横截面呈腰圆形，有凹陷；纵面呈扁平带状，有天然转曲。

2）麻纤维：横截面呈腰圆形或多角形；纵面有横节和竖纹。

3）羊毛纤维：横截面呈圆形或椭圆形，有些有毛髓；纵面有鳞片。

4）丝纤维：横截面呈不规则三角形；纵面光滑平直，有竖纹。

（3）燃烧法。

燃烧法是根据纤维燃烧特征的不同，来粗略区分面料的方法。纤维燃烧的特征可以分为以下两大类。

1）棉、麻、黏胶纤维、铜氨纤维：靠近火焰时不缩不熔，接触火焰时迅速燃烧，散发出类似纸张燃烧的气味，离开火焰后继续燃烧。残留物为少量灰黑或灰白色灰烬。

2）蚕丝、毛纤维：靠近火焰时卷曲、熔化，接触火焰时燃烧并散发出烧毛发的气味，离开火焰后一般继续缓慢燃烧，有时自行熄灭。残留物为松而脆的黑色颗粒。

提示

请在使用燃烧法检测面料成分时注意用火安全，并将安全措施记录下来。

_____

_____

_____

2. 技能训练

 实践

（1）各小组用不同的检测方法对六种面料小样进行检测，并将结果统计在面料检测活动表（见表2-2-7）中。

表2-2-7　　　　　　　　面料检测活动表

检测方法	小样一	小样二	小样三	小样四	小样五	小样六
手感和目测法						
显微镜观察法						
燃烧法						

（2）依据表2-2-7，对以上六种面料的鉴定结果进行小组总结和小组评价。

_____

_____

_____

_____

_____

引导问题

（1）在教师的指导下，小组内进行作品展示，然后经由小组讨论，推选出一组最佳作品，进行全班展示与评价，并由组长简要介绍推选的理由，小组其他成员做补充并记录。

小组最佳作品制作人：_____

推选理由：_____

_____

其他小组评价意见：_____

_____

教师评价意见：_____

_____

（2）将本次学习活动中出现的问题及其产生的原因和解决的办法填写在问题分析及解决表（见表 2-2-8）中。

表 2-2-8　　　　　　　　　　　问题分析及解决表

出现的问题	产生的原因	解决的办法
1.		
2.		
3.		
4.		

3. 学习检验

 自我评价

就本次学习活动中自己最满意的地方和最不满意的地方各列举一点，并简要说明原因，然后完成学习活动考核评价表（见表 2-2-9）的填写。

最满意的地方：_____

_____

最不满意的地方：_____

_____

表 2-2-9　　　　　　　　学习活动考核评价表

学习活动名称：旗袍制作前期准备

班级：　　　　学号：　　　　姓名：　　　　指导教师：

评价项目	评价标准	评价依据	评价方式及权重			权重	得分小计	总分
			自我评价	小组评价	教师（企业）评价			
			10%	20%	70%			
关键能力	1. 能穿戴劳保服装，执行安全操作规程 2. 能参与小组讨论，制订计划，相互交流与评价 3. 能积极参与学习活动 4. 能清晰、准确表达，与相关人员进行有效沟通 5. 能清扫场地，清理机台，归置物品，填写设备使用记录表	1. 课堂表现 2. 工作页填写				40%		
专业能力	1. 能叙述旗袍面料的发展历史 2. 能区分不同的旗袍面料类型 3. 能用常规的检测方法检测面料的成分 4. 能在教师指导下，完成旗袍生产样板的核对与检验 5. 能对发现的样板问题进行调整和修改	1. 课堂表现 2. 工作页填写 3. 提交的成品质量				60%		
指导教师综合评价								

指导教师签名：　　　　　　　　日期：

三、学习拓展

说明：本阶段学习拓展建议课时为 2~4 课时，要求学生在课后独立完成。教师可根据本校的教学需要和学生的实际情况，选择部分或全部进行实践，也可另行选择相关拓展内容。

📖 拓展

请同学们在教师指导下，通过小组讨论交流，完成如图 2-2-10 所示变化款旗袍的打版和样板检验。

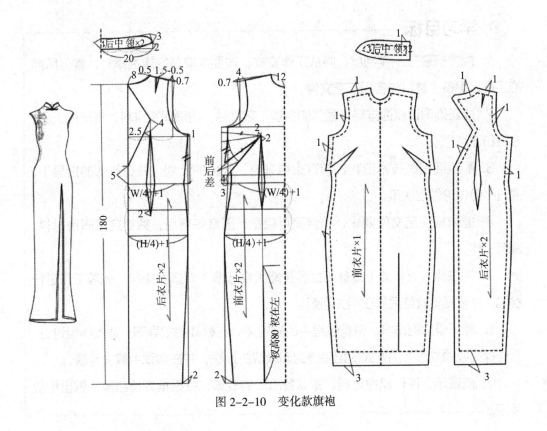

图 2-2-10　变化款旗袍

🔍 查询与收集

请同学们通过查阅相关学材或企业生产工艺单，选择 1~2 个旗袍的生产工艺单，摘录其工艺要求、面料测试核算结果，以及样板核对检验的方法。

学习活动 3
旗袍排料、裁剪

🎯 学习目标

1. 能严格遵守工作制度，服从工作安排，按要求准备好旗袍排料、裁剪所需的工具、设备、材料与各项工艺文件。

2. 能正确识读旗袍排料、裁剪的各项工艺文件，明确旗袍排料、裁剪的流程、方法和注意事项。

3. 能查阅相关技术资料，制订旗袍排料、裁剪的计划，并在教师的指导下，通过小组讨论做出决策。

4. 能依据工艺文件要求，结合面料幅宽、图案等特点，独立完成旗袍排料、裁剪工作。

5. 能按照企业标准（或参照世界技能大赛标准）对旗袍排料、裁剪工作进行检验，并依据检验结果修正相关问题。

6. 能记录旗袍排料、裁剪过程中的疑难点，在教师的指导下，通过小组讨论、合作探究或独立思考的方式提出妥善的问题解决办法，并在实践中解决问题。

7. 能展示、评价旗袍排料、裁剪各阶段的成果，并根据评价结果，做出相应反馈。

一、学习准备

1. 准备服装制作学习工作室中的排料设备与工具、裁剪设备与工具。

2. 准备劳保服装，安全操作规程，排料、裁剪相关学材。

3. 划分学习小组（每组5~6人），将分组信息填写在小组编号表（见表2-3-1）中。

表 2-3-1   小组编号表

组号	组内成员及编号	组长姓名	组长编号	本人姓名	本人编号

 提示

请同学们自己检查一下，劳保服装有没有穿戴好？手机是否已经放入手机袋？请仔细阅读安全操作规程，将其要点摘录下来。

二、学习过程

（一）明确工作任务，获取相关信息

1. 知识学习

 引导问题

旗袍常见的装饰纹样有哪些类型？

_____

_____

_____

_____

📖 **小贴士**

装饰纹样是对旗袍上古典元素最好的体现，体现了典型的东方美。旗袍讲究"有图必有意，有意必吉祥"，经常采用龙凤、牡丹、梅花、荷花等图案来象征吉祥、富贵、坚强、圣洁。

旗袍装饰纹样有下列三种构成方式。

（1）单独纹样。

单独纹样是指一种与四周无联系，独立、完整且结构严谨的装饰纹样（见图 2-3-1）。

图 2-3-1　单独纹样

（2）角隅纹样。

角隅纹样是指受到等边或不等边的角形限制的装饰纹样（见图 2-3-2）。

图 2-3-2　角隅纹样

（3）对称纹样。

对称纹样是指图形、大小、色彩在中心线左右或上下对称的装饰纹样（见图 2-3-3）。

图 2-3-3　对称纹样

讨论

请同学们讨论如何排料才能使面料上的装饰纹样达到对称效果。

_____

_____

_____

_____

i 引导问题

在进行旗袍排料时，要注意哪几个方面的问题？

_____

_____

_____

_____

_____

小贴士

常用的手工裁剪工具有以下七种。

（1）2号或3号裁剪剪刀（见图2-3-4）。

（2）划粉（见图2-3-4）。

图2-3-4 剪刀、划粉

（3）锥子（见图2-3-5）。

（4）夹子（见图2-3-5）。

图 2-3-5　锥子、夹子

（5）压铁（见图 2-3-6）。

（6）玻璃尺（见图 2-3-6）。

（7）软尺（见图 2-3-6）。

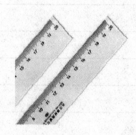

图 2-3-6　压铁、玻璃尺、软尺

小贴士

常用的裁剪术语有以下九个。

（1）划样。

划样是指按款式、规格直接在面料上划出衣片裁剪线条的裁剪步骤。

（2）剪口。

剪口是指在裁片的某一部位剪开的做定位标记的小缺口。

（3）钻眼。

钻眼是指打在裁片上做定位标记的孔眼。

（4）换片。

换片是指调换不符合质量要求的裁片。

（5）配零料。

配零料是指主要裁片以外的零部件。

（6）丝缕。

丝缕是指织物的经向、纬向、斜向，包括直丝缕、横丝缕、斜丝缕。

（7）弧度。

弧度是指弧线的弯曲程度，如袖窿弧线的弧度。

（8）对刀。

对刀是指眼刀与眼刀相对，或眼刀与衣缝相对。

（9）失出。

失出是指某些疏松的面料开剪后，经纬纱一根根掉落下来的现象。

引导问题

请同学们在排料方法与裁剪工具识别表（见表 2-3-2）所示图形的下方填写排料方法与裁剪工具名称。

表 2-3-2　　　　　　　　排料方法与裁剪工具识别表

排料方法			
方法名称			
裁剪工具			
工具名称			

2. 学习检验

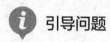 引导问题

在教师的引导下，独立填写学习活动简要归纳表（表2-3-3）。

表2-3-3　　　　　　　　　　学习活动简要归纳表

本次学习活动的名称	
本次学习活动的主要目标	
本次学习活动的内容	
本次学习活动中实现难度较大的地方	

引导评价、更正与完善

在教师讲评引导的基础上，对本阶段的学习活动成果进行自我评价和小组评价（100分制），然后根据评价结果用红笔对本阶段引导问题的回答进行更正和完善。

项目	类别	分数	项目	类别	分数
个人自评分	关键能力		小组评分	关键能力	
	专业能力			专业能力	

（二）制订旗袍排料、裁剪的计划并决策

1. 知识学习

学习制订计划的基本方法、内容和注意事项，重点围绕学习活动展开。

制订计划的参考意见：整个工作的内容和目标是什么？整个工作分几步实施？过程中要注意哪些问题？小组成员之间应如何配合？出现问题应如何处理？

2. 学习检验

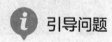 引导问题

（1）请简要写出你所在小组的工作计划。

_____

_____

（2）你在制订计划的过程中承担了哪些工作？有什么体会？

_____

_____

（3）教师对小组的计划给出了哪些修改建议？为什么？

_____

_____

（4）你认为计划中哪些地方比较难实施？为什么？你有什么想法？

_____

_____

（5）小组最终做出了什么决定？决定是如何做出的？

_____

_____

引导评价、更正与完善

在教师讲评引导的基础上，对本阶段的学习活动成果进行自我评价和小组评价（100分制），然后根据评价结果用红笔对本阶段引导问题的回答进行更正和完善。

项目	类别	分数	项目	类别	分数
个人自评分	关键能力		小组评分	关键能力	
	专业能力			专业能力	

（三）旗袍排料、裁剪的实施

1. 知识学习

（1）旗袍排料、裁剪的流程。

核对样板→检查面料、里料→熨烫面料、里料→排料→划样→做记号→裁剪→裁片质量检验。

（2）旗袍排料、裁剪的要求。

1）案例款旗袍为真丝面料，且纹样有方向，排料时注意纹样的方向性。

2）完整花型和大花型考虑放在旗袍前后衣片的主要位置，如前胸部位。

3）领子花纹应考虑对称。

4）丝缕经斜、纬斜在允差范围之内。

5）裁剪剪口整齐，弧形圆顺，缝份大小均匀，剪口深浅一致，符合标准。

6）裁片整洁、美观。

2. 技能训练

 实践

（1）请同学们在教师的示范指导下，进行手工排料方案设计，然后查阅相关学材，进行小组讨论，并独立回答以下五个问题。

1）手工排料需要哪些工具？

_____

_____

_____

2）真丝面料的缩率是多少？

_____

_____

3）怎样进行面料预缩处理？

_____

_____

4）面料有纬斜该如何处理？

_____

_____

5）谈谈你的排料方案是如何设计的，考虑了哪些方面的问题。

_____

_____

（2）请同学们在教师的示范指导下，进行手工裁剪方案设计，并独立回答以下四个问题。

1）旗袍裁剪从哪边起刀？

_____

_____

2）腰省和腋下省的省尖可以用锥子刺点做记号吗？为什么？

3）如何裁剪可以使剪口平整？

4）手工裁剪时，两只手应如何配合？

> 📑 **小贴士**

旗袍裁剪的顺序、注意事项、质量要求及包扎要求如下所示。

（1）裁剪的顺序。

裁剪的顺序应从上到下、从外到里，以操作方便、减少转手为基本原则。

（2）裁剪的注意事项。

检查面料的倒顺毛：裁剪丝绒面料时，注意使各衣片毛绒倒向一致，以免产生色差。

检查缝份和贴边的加放：裁剪时，要在轮廓线外加适当的缝份和贴边。例如装缝普通拉链，止口需 1.5 cm，装缝隐形拉链，止口需 1 cm，包边和嵌边的止口也有所不同。

检查样板方向：前衣片正面为左方向，右衣片为底襟（需检查正反有无错裁）。

（3）裁剪的质量要求。

裁片四周刀口要顺直、流畅，不能有偏斜缺口或锯齿斜。裁片组合要准确，裁剪左右对称的裁片时，其左右、长短、大小要对称，剪口、钻眼准确。

（4）裁剪的包扎要求。

包扎时应将所有裁片和零部件放全理齐，大片放在外面，零部件及辅料裹在里面，包扎整齐、牢固。

📖 小贴士

　　旗袍制作所需面辅料的名称、要求和数量的确认见面料裁片表（见表 2-3-4），里料裁片表（见表 2-3-5）及衬料、零辅料裁片表（见表 2-3-6）。

表 2-3-4　　　　　　　　　　　　面料裁片表

名称	前衣片	后衣片	袖片	偏大襟	领面
纱向 / 件数	直纱 /1	直纱 /1	直纱 /2	直纱 /1	横纱 /1

表 2-3-5　　　　　　　　　　　　里料裁片表

名称	前衣里	后衣里	袖里	偏襟里	领里
纱向 / 件数	直纱 /1	直纱 /1	直纱 /2	直纱 /1	横纱 /1

表 2-3-6　　　　　　　　衬料、零辅料裁片表

名称	要求	单位用料
有纺衬	横纱，领面净尺寸	1 条
无纺衬	超薄高档丝绸无纺衬	若干米
盘扣条	宽 3.5~4.5 cm，斜丝	若干米
绲条	宽 3.5~4.5 cm，斜丝	若干米
缝纫线	与面料顺色	若干米

ℹ️ 引导问题

　　（1）请同学们在教师的指导下，各自核对材料的种类和数量，并将结果填写在材料种类与数量填写表 1 和 2（见表 2-3-7 和表 2-3-8）中。

表 2-3-7　　　　　　　材料种类与数量填写表 1

材料名称	贴口袋布	口袋布	袋口扣烫板	贴袋扣烫板
材料种类				
材料数量				

表2-3-8　　　　　　　　　　材料种类与数量填写表2

材料名称	面料	里料	衬料	绲条
材料种类				
材料数量				

（2）用划粉在浅色面料上定位时，应选择深色划粉还是浅色划粉？粉印应粗一些还是细一些？标记应打成什么样子？请独立回答，并在标记类型选择表（见表2-3-9）中勾选。

_____

_____

表2-3-9　　　　　　　　　　标记类型选择表

（3）请同学们在教师的示范指导下，进行服装CAD排料训练，然后查阅相关学材，独立回答以下六个问题。

1）旗袍排料时，要先在面料上确定中心线，这样做的原因是什么？

_____

2）旗袍排料时，会遇到对花现象，此时需要注意什么？

_____

3）旗袍领子用什么方向的丝缕排料？

_____

4）旗袍排料时，袖子需要对花吗？为什么？

_____

_____

5）旗袍的底襟不外露且用料面积较小，为了节约用料，可以随便找空缺处排料吗？为什么？

_____

_____

6）假如使用幅宽 110 cm 的缎纹面料制作旗袍，请分析衣长 126 cm，胸围 94 cm 的无袖旗袍的用料量。

_____

_____

3. 学习检验

（1）请同学们在教师的指导下，参照世界技能大赛评分标准，完成旗袍排料、裁剪的质量检验，并独立填写旗袍排料、裁剪质量评分表（见表 2-3-10），并按照"8S"标准清理排料台、裁剪台。

表 2-3-10 旗袍排料、裁剪质量评分表（参照世界技能大赛评分标准）

序号	分值	评分内容	评分标准	得分
1	15	排料丝缕正确，合理紧凑	完成得分，未完成不得分	
2	15	旗袍对花位置合理，左右对称	有一处错误扣 5 分，扣完为止	
3	20	粉印清晰，宽窄、深浅一致	有一处错误扣 5 分，扣完为止	
4	10	裁片剪口整齐	有一处错误扣 5 分，扣完为止	
5	10	剪口记号准确，深浅一致	有一处错误扣 5 分，扣完为止	
6	20	外观美观 裁片刀口光滑，无偏斜缺口或锯齿斜	有一处错误扣 5 分，扣完为止	
7	10	工作区整洁 工作结束后，工作区整理干净，物品摆放整齐，电源关闭	有一项不到位扣 5 分，扣完为止	
合计得分				

（2）请同学们以小组为单位，集中填写设备使用记录表（见表2-3-11）。

表2-3-11　　　　　　　　设备使用记录表

使用设备名称		是否正常使用	
		是	否，是如何处理的
排料设备			
裁剪设备			
整烫设备			

引导评价、更正与完善

在教师讲评引导的基础上，对本阶段的学习活动成果进行自我评价和小组评价（100分制），然后根据评价用红笔对本阶段引导问题的回答进行更正和完善。

项目	类别	分数	项目	类别	分数
个人自评分	关键能力		小组评分	关键能力	
	专业能力			专业能力	

（四）成果展示与评价反馈

1. 知识学习

除手工裁剪外，裁剪设备也常用在服装制作的裁剪工作中。常见的裁剪设备有下列三种。

（1）直刀式裁剪机。

直刀式裁剪机需手工操作，适用于多层布料的裁剪，裁剪刀做垂直往复运动切割布料，也能切割弯位和角位。直刀式裁剪机是裁剪车间的常用工具（见图2-3-7）。

1）直刀式裁剪机的优点有以下三项。

①生产效率高，一次可裁剪多层布料。

②适应性强，可用于裁剪各种布料，且能满足一般精度的裁片要求。

③容易操作，方便携带。

2）直刀式裁剪机的缺点有以下三项。

①面料固定效果不理想，裁片精度不高。

②裁剪刀有一定宽度，裁剪曲度大的弧线有困难。

③结构头重脚轻，身子细，刀鞘支柱容易变形，影响裁剪精度。

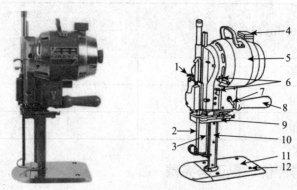

图 2-3-7　直刀式裁剪机

1—磨刀带开关　2—裁剪刀护罩　3—裁剪刀　4—电源插座　5—发动机

6—加油孔　7—开关　8—手柄　9—磨刀带　10—裁剪刀外罩　11—底座板　12—脚轮

（2）圆刀式裁剪机。

圆刀式裁剪机是一种手持裁剪机，配备圆形的裁剪刀使用。圆刀式裁剪机一般用来沿直线裁剪布料，在裁剪少层布料时可裁剪急转的弯位。它常用于制衣厂的样衣间，主要作用是代替剪刀（见图 2-3-8）。

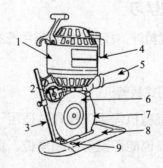

图 2-3-8　圆刀式裁剪机

1—发动机　2—磨刀石　3—裁剪刀护罩　4—开关　5—手柄

6—圆形裁剪刀　7—裁剪刀外罩　8—底座板　9—脚轮

1）圆刀式裁剪机的优点有以下三项。

①在裁剪单层或少层布料时，可以像剪刀一样灵活切割。

②适应性强，可用于裁剪各种布料，且能满足一般精度的裁片要求。

③容易操作，方便携带。

2）圆刀式裁剪机的缺点有以下两项。

①裁剪布料厚度增加时，各层的切割有时间差。

②裁剪多层布料时，弯位、角位的裁剪效果不理想。

（3）带刀式裁剪机。

带刀式裁剪机的裁剪刀呈带状，裁剪时需手推布料，使刀刃沿纸样划线痕切割（见图2-3-9）。

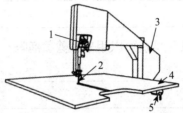

图 2-3-9 带刀式裁剪机

1—裁剪刀张力调节器 2—裁剪刀 3—裁剪刀外罩 4—裁床 5—开关

1）带刀式裁剪机的优点有以下两项。

①裁剪刀的刀刃窄，垂直度好。

②能裁出高精度的优质裁片，尤其是带有弧线的小型衣片。

2）带刀式裁剪机的缺点有以下两项。

①体积大，笨重。

②需安装在固定位置，占地面积大。

i 引导问题

（1）请同学们在教师的示范指导下，进行直刀式裁剪机的裁剪训练，然后查阅相关学材，并独立回答以下五个问题。

1）直刀式裁剪机的切割原理是什么？

_____

_____

2）直刀式裁剪机适合切割什么样的布料？

_____

_____

3）直刀式裁剪机的优点有哪些？

_____

_____

_____

4）直刀式裁剪机的缺点有哪些？

_____

_____

_____

5）直刀式裁剪机可以用来裁剪旗袍吗？

_____

_____

_____

（2）请同学们在教师的示范指导下，进行圆刀式裁剪机的裁剪训练，然后查阅相关学材，进行小组讨论，并独立回答以下五个问题。

1）圆刀式裁剪机的切割原理是什么？

_____

_____

_____

2）圆刀式裁剪机在服装生产中应如何使用？

_____

_____

_____

3）圆刀式裁剪机的优点有哪些？

_____

_____

_____

4）圆刀式裁剪机的缺点有哪些？

_____

_____

_____

5）圆刀式裁剪机可以用来裁剪旗袍吗？

_____

_____

_____

2. 技能训练

实践

（1）将旗袍裁片平铺在干净的工作台上进行平面展示。

（2）对平铺展示的旗袍裁片进行自我评价和小组评价。

3. 学习检验

引导问题

（1）在教师的指导下，小组内进行作品展示，然后经由小组讨论，推选出一组最佳作品，进行全班展示与评价，并由组长简要介绍推选的理由，小组其他成员做补充并记录。

小组最佳作品制作人：_____

推选理由：_____

_____

_____

其他小组评价意见：_____

_____

_____

_____

教师评价意见：_____

_____

_____

_____

（2）将本次学习活动中出现的问题及其产生的原因和解决的办法填写在问题分析及解决表（见表2-3-12）中。

表2-3-12 问题分析及解决表

出现的问题	产生的原因	解决的办法
1.		
2.		
3.		
4.		

自我评价

就本次学习活动中自己最满意的地方和最不满意的地方各列举一点，并简要说明原因，然后完成学习活动考核评价表（见表2-3-13）的填写。

最满意的地方：_____

_____

最不满意的地方：_____

_____

表2-3-13 学习活动考核评价表

学习活动名称：旗袍排料、裁剪

班级： 学号： 姓名： 指导教师：

评价项目	评价标准	评价依据	评价方式及权重			权重	得分小计	总分
			自我评价	小组评价	教师（企业）评价			
			10%	20%	70%			
关键能力	1. 能穿戴劳保服装，执行安全操作规程 2. 能参与小组讨论，制订计划，相互交流与评价 3. 能积极参与学习活动 4. 能清晰、准确表达，与相关人员进行有效沟通 5. 能清扫场地，清理机台，归置物品，填写设备使用记录表	1. 课堂表现 2. 工作页填写				40%		

续表

评价项目	评价标准	评价依据	评价方式及权重			权重	得分小计	总分
			自我评价	小组评价	教师（企业）评价			
			10%	20%	70%			
专业能力	1. 能区分不同的装饰纹样类型 2. 能叙述旗袍排料、裁剪所用工具和设备的名称与功能 3. 能识读旗袍排料、裁剪的生产工艺单，明确工艺要求，叙述制作流程 4. 能在教师指导下，完成旗袍排料、裁剪 5. 能按照企业标准或世界技能大赛评分标准对旗袍裁片进行核对检验，并进行展示	1. 课堂表现 2. 工作页填写 3. 提交的成品质量				60%		
指导教师综合评价								
	指导教师签名：			日期：				

三、学习拓展

说明：本阶段学习拓展建议课时为 2~4 课时，要求学生在课后独立完成。教师可根据本校的教学需要和学生的实际情况，选择部分或全部进行实践，也可另行选择相关拓展内容。

📖 拓展 1

请同学们在教师指导下，通过小组讨论交流，完成如图 2-3-10 所示的无袖旗袍的用料计算与计算机排料图制作，假定面料幅宽为 130 cm。无袖旗袍制图规格见表 2-3-14。

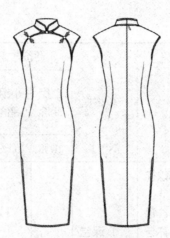

图 2-3-10　无袖旗袍

表 2-3-14　　　　　　　　　　无袖旗袍制图规格　　　　　　　　　单位：cm

号型	部位	衣长	胸围	腰围	臀围	肩宽	领围	腰节
160/84A	规格	115	92	72	96	39	38	39

📖 **拓展 2**

　　请同学们在教师指导下，通过小组讨论交流，完成如图 2-3-11 所示的七分袖旗袍的用料计算与计算机排料图制作，假定面料幅宽为 110 cm。七分袖旗袍制图规格见表 2-3-15。

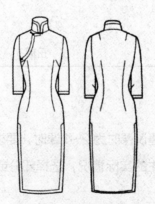

图 2-3-11　七分袖旗袍

表 2-3-15　　　　　　　　　　七分袖旗袍制图规格　　　　　　　　单位：cm

号型	部位	衣长	胸围	腰围	臀围	肩宽	领围	腰节	袖长
160/84A	规格	115	92	72	96	39	38	39	42

查询与收集

请同学们通过查阅相关学材或企业生产工艺单，选择 1~2 个旗袍排料、裁剪的生产工艺单，摘录其工艺要求并设计操作流程。

_____

_____

学习活动 4
旗袍缝制、熨烫

🎯 学习目标

1. 能严格遵守工作制度，服从工作安排，按要求准备好旗袍缝制、熨烫所需的工具、设备、材料与各项工艺文件。

2. 能正确识读旗袍缝制、熨烫的各项工艺文件，明确旗袍缝制、熨烫的流程、方法和注意事项。

3. 能查阅相关技术资料，制订旗袍缝制、熨烫的计划，并在教师的指导下，通过小组讨论做出决策。

4. 能按照工艺文件要求，结合旗袍缝制、熨烫规范，独立完成旗袍的缝制、熨烫、检查与复核工作。

5. 能记录旗袍缝制、熨烫过程中的疑难点，在教师的指导下，通过小组讨论、合作探究或独立思考的方式提出妥善的问题解决办法，并在实践中解决问题。

6. 能展示、评价旗袍缝制、熨烫各阶段的成果，并根据评价结果，做出相应反馈。

一、学习准备

1. 准备服装制作学习工作室中的缝制设备与工具、整烫设备与工具。

2. 准备劳保服装，安全操作规程，生产工艺单，旗袍缝制、熨烫相关学材。

3. 划分学习小组（每组5~6人），将分组信息填写在小组编号表（见表2-4-1）中。

表 2-4-1　　　　　　　　　　小组编号表

组号	组内成员及编号	组长姓名	组长编号	本人姓名	本人编号

提示

请同学们自己检查一下，劳保服装有没有穿戴好？手机是否已经放入手机袋？请仔细阅读安全操作规程，将其要点摘录下来。

_____

_____

二、学习过程

（一）明确工作任务，获取相关信息

1. 知识学习

引导问题

旗袍作为我国传统服饰之一，其缝制过程和方法与唐装相比有哪些不同？

_____

_____

小贴士

传统旗袍主要制作工具有顶针、手缝针、尺子、划粉、针包、锥子、布剪、刮糨刀、绣花剪刀和镊子等。经验丰富的裁缝会先用尺子和剪刀裁剪出旗袍轮廓，然后一针一线地缝合衣片，最后用熨斗归拔出每个部位的细节。各制作工具的具体说明如下所示。

顶针：俗称"抵针"，形状如同圆环，表面均匀分布有凹窝。顶针一般套在右手中指上，可用于增强手指力度，同时保护手指不被针刺伤。顶针多用银、铜或其他金属制成。

手缝针：手缝针即手缝时所使用的针，手缝针的号码越小针越粗，制作时应配合布料的厚度选择合适的手缝针。旗袍缝制的最高要求是"一寸九针"，并且针脚要均匀、松紧要适宜。

尺子：在传统旗袍的制作中，裁缝通常使用旧制市尺。尺子通常有直尺和软尺两种。直尺用于制图打版和裁剪时的测量、划线，软尺常用于量体。

划粉：又称"画粉"，是一种裁剪之前在衣料上定位和划线的辅助工具。划粉大多是各种颜色的石粉制成的薄片，能够帮助提高裁剪的精准度。

针包：针包通常使用棉布缝制而成，可将手缝针、珠针和大头针等插放在上面。针包下方有松紧带，可戴在手上，方便随时取用。

锥子：锥子可用来处理领角和衣角等细节，使边角部分干净利落、不毛糙。

布剪：布剪即用来裁剪布料的剪刀，为了保持锐利，应与其他用途的剪刀分开使用。

刮糨刀：在制作传统旗袍时，很多工艺环节都需要用到刮糨刀，如嵌条、盘扣的硬条、领子等的制作。特别是在制作真丝旗袍的时候，由于真丝面料质地光滑，裁剪的时候容易跑位，用刮糨刀刮糨糊可以保证面料的丝绺不乱。

绣花剪刀：绣花剪刀是绣花时的必用工具，可以用它来修剪线头。

镊子：镊子是制作旗袍的辅助工具，用来调整线条和控制缝料的松紧程度。制作盘扣的时候多用镊子处理细节。

 讨论

与一般的服装缝制相比，旗袍缝制使用的工具多了哪些？它们有何作用？请进行小组讨论，并简述讨论结果。

 引导问题

请同学们在旗袍缝制工具识别表（见表2-4-2）所示工具图片的下方填写工具名称。

表 2-4-2　　　　　　　　　　旗袍缝制工具识别表

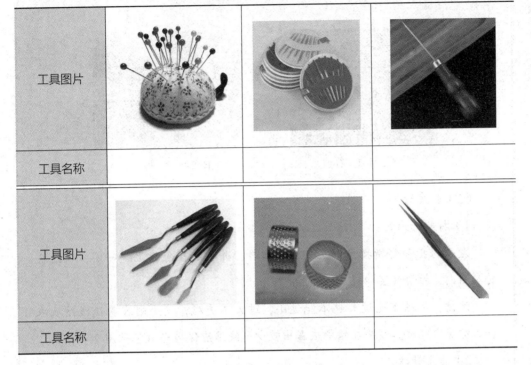

工具图片			
工具名称			
工具图片			
工具名称			

💡 **小贴士**

制作舒适合体、美观大方的服装需要准确的量体和裁剪，更需要精良的缝制工艺。尤其是在加工制作高档服装时，有些手缝工艺是机缝工艺难以取代的。一名服装技术工人不仅要熟练地使用缝纫机器，还要熟练地掌握手缝工艺技术。

旗袍常用的手缝针法主要有以下八种。

（1）穿线。

穿针时左手拇指与食指、中指捏针，针尾露出约 1 cm，右手拇指和食指拿线，线头穿入针眼 1.5 cm 左右，随即拉出（见图 2-4-1）。

（2）捏针。

用右手拇指和食指捏针、运针，中指抵住针尾帮助手缝针前进（见图 2-4-2）。

图 2-4-1　穿线

图 2-4-2　捏针

（3）打线结。

1）打起针结。

左手拇指和食指捏住线头，右手拿针，并将线在食指上绕一圈，将线头转入圈内，拉紧线圈即可。

注意：线结不能过大也不能过小，过大不美观，过小则容易使线结从衣料的空隙中脱出。线头在结中应露出较少，线结应保持光洁（见图 2-4-3）。

2）打止针结。

左手拇指和食指在离止针约 3 cm 左右处把线捏住，用右手将针转入圈内，抽出针，把线圈打到止针处，左手按住线圈，右手拉紧线圈，使线结正好扣紧在布面上，以防缝线松动。

注意：剪线时，剪刀紧挨布面，不能让线头露出布面太长，以免影响美观；剪线时不要剪到线头，以免使线结松散，失去作用（见图 2-4-4）。

图 2-4-3　起针结

图 2-4-4　止针结

（4）平缝针。

平缝针是手缝针法中最基本的针法之一，是其他各种针法的基础，它要求每一针的针距相等（见图2-4-5）。

平缝针通常选用6号针穿线，线头不打结，针距0.3 cm，连续缝5针或6针后拔针。平缝针要求针迹均匀整齐，线迹顺直，平服美观。该针法可抽缩，常用于服装袖山、口袋圆角等收缩或抽碎褶处。

（5）环针。

旗袍剪开的省缝或容易散开的毛缝需用环针绕缝，使边缘毛边不易散开。毛缝一般环牢0.5 cm左右，针距0.7 cm左右。注意省尖处环线不能超过省大，省缝合后正面不能露纱线（见图2-4-6）。

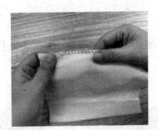

图2-4-5　平缝针　　　　　　　　图2-4-6　环针

（6）缲针。

1）明缲针——缝线略露在外面的针法。

明缲针多用于中西式服装的底边、袖口、袖窿、领里等处的缝制，旗袍纽扣也常用这种针法缝制。明缲针可平缲，也可将相缝合的边缘竖起来进行缲针，衣片面、衣片里均可露出细小针迹。明缲针在衣片正面只能缲1~2根纱丝，不可有明显针迹。明缲针的缝线应松紧适中，针距0.3 cm左右，均匀整齐（见图2-4-7）。

注意：衣片正面不露线迹，贴边有线迹露出。

2）暗缲针——线缝在底边缝口内的针法。

暗缲针多用于旗袍、西服夹里的底边、袖口，毛呢服装底边的绲条贴边等处的缝制。暗缲针在衣片正面只能缲1~2根纱丝，不可有明显针迹，夹里底边和贴边都不可露针迹，线缝在折边内。暗缲针的缝线可以略松，针距0.5 cm左右（见图2-4-8）。

注意：衣片正面和贴边都不可露线迹。

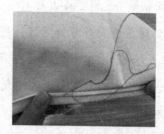

图 2-4-7　明缲针　　　　　　　图 2-4-8　暗缲针

（7）拉线襻。

拉线襻第一针先从贴边反面穿出，缝两行线，针穿过两行线内，用左手套住线圈，左手中指钩住缝线，放开左手套住的线圈，左手拉线，形成线襻。然后循环往复至需要的长度，再将针穿进末尾线圈内，缝牢夹里摆缝贴边（见图 2-4-9）。

图 2-4-9　拉线襻

（8）打套结。

打套结是一种把缝线绕成圈后串套打结的针法，多用于开衩口（如旗袍侧衩口）、插袋口的两端和裤子门里襟的封口，用于增强缝线的牢固度和美观性。套结的长度根据需要而定。打套结有下列两种方法。

方法一：在开衩口起针，从衣片反面穿出，针距 0.6 cm，针穿出一头绕线，线绕满 0.6 cm 后将针拔出，再穿入另一针孔，在反面打结（见图 2-4-10）。

方法二：在开衩口起针，从衣片反面穿出，先横向缝 3~4 行衬线，衬线尽量靠拢，长度均为 0.6 cm。然后按锁针的针法将衬线锁满，要锁得紧密，排列整齐。由于多数人使用右手操作，如果有的人套结锁的方向与锁针相反，则绕线方向也要相反（见图 2-4-11）。

图 2-4-10 打套结方法一　　图 2-4-11 打套结方法二

2. 学习检验

引导问题

（1）在教师的引导下，独立填写学习活动简要归纳表（见表 2-4-3）。

表 2-4-3　　　　　　　　　　学习活动简要归纳表

本次学习活动的名称	
本次学习活动的主要目标	
本次学习活动的内容	
本次学习活动中实现难度较大的地方	

（2）请同学们在手缝针法识别表（见表 2-4-4）中所示手缝针法图片的下方写出该针法的名称与作用。

表 2-4-4　　　　　　　　　　手缝针法识别表

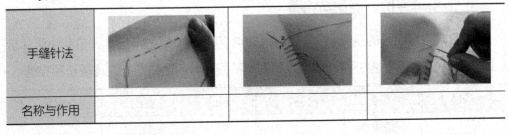

手缝针法			
名称与作用			

续表

手缝针法			
名称与作用			
手缝针法			
名称与作用			

（3）旗袍中的哪些部位的缝制需要到手缝针法？

_____

_____

_____

💬 讨论

依据前文所述旗袍中需要用到手缝针法缝制的部位，分别写出各部位所使用的手缝针法的名称，并简要说明其作用。

_____

_____

_____

_____

✓✗ 引导评价、更正与完善

在教师讲评引导的基础上，对本阶段的学习活动成果进行自我评价和小组评价（100分制），然后根据评价结果用红笔对本阶段引导问题的回答进行更正和完善。

项目	类别	分数	项目	类别	分数
个人自评分	关键能力		小组评分	关键能力	
	专业能力			专业能力	

（二）制订旗袍缝制、熨烫的计划并决策

1. 知识学习

学习制订计划的基本方法、内容和注意事项，重点围绕学习活动展开。

制订计划的参考意见：整个工作的内容和目标是什么？整个工作分几步实施？过程中要注意哪些问题？小组成员之间应如何配合？出现问题应如何处理？

2. 学习检验

i 引导问题

（1）请简要写出你所在小组的工作计划。

_____

_____

_____

（2）你在制订计划的过程中承担了哪些工作？有什么体会？

_____

_____

_____

（3）教师对小组的计划给出了哪些修改建议？为什么？

_____

_____

_____

（4）你认为计划中哪些地方比较难实施？为什么？你有什么想法？

_____

_____

_____

（5）小组最终做出了什么决定？决定是如何做出的？

_____

_____

_____

_____

引导评价、更正与完善

在教师讲评引导的基础上，对本阶段的学习活动成果进行自我评价和小组评价（100分制），然后根据评价结果用红笔对本阶段引导问题的回答进行更正和完善。

项目	类别	分数	项目	类别	分数
个人自评分	关键能力		小组评分	关键能力	
	专业能力			专业能力	

（三）旗袍缝制、熨烫的实施

1. 知识学习

（1）旗袍的款式说明。

该款旗袍的特征包括立领、一片袖、圆偏襟、开摆衩，前身收腋下省和胸腰省，后身收腰省，右侧缝装隐形拉链，装全里子，使用真丝或仿真丝面料，成品的效果如图2-4-12所示。

图2-4-12　案例款旗袍成品的效果

（2）旗袍的缝制、熨烫流程。

检查裁片→粘衬→缉省、烫省及归拔前衣片、后衣片→敷牵带→做绲边→做前、后衣片夹里→合肩缝→合侧缝→固定里子和衣片→装拉链→做领、装领→做袖、装袖→做盘扣、钉盘扣→整烫→检验。

（3）旗袍缝制、熨烫要求。

1）成品整洁，外形美观，线条流畅。

2）绲条宽窄一致，顺直平服。

3）领头左右对称，两端圆顺，上领两端平齐。

4）装袖圆顺，左右对称。

5）开衩平服，长短一致，无豁开，夹里平服。

6）拉链平服，不外露。

7）各部位缉线顺直，松紧适宜，缝份宽窄一致。

8）成品尺寸符合规格要求。

2. 技能训练

在旗袍缝制前需按下列步骤核对裁片。

（1）核对面料裁片（见图2-4-13）。

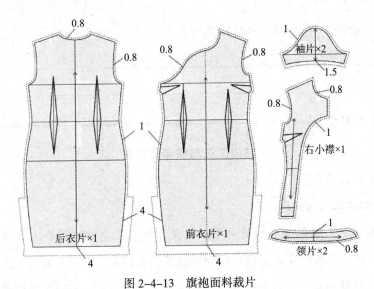

图 2-4-13　旗袍面料裁片

（2）核对里料裁片（见图2-4-14）。

（3）核对辅料。

辅料包括树脂领衬、丝绸领衬、偏襟贴边衬、牵条衬、拉链、盘扣、钩眼扣、揿纽等。

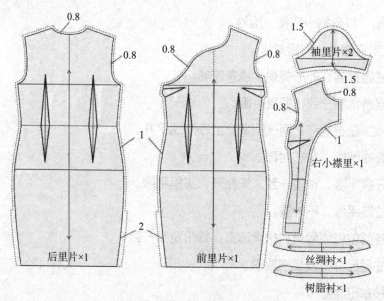

图 2-4-14 旗袍里料裁片

 引导问题

在旗袍制作前，核对裁片的作用是什么？

📔 小贴士

归拔工艺与敷牵带工艺

（1）归拔工艺。

1）归拔工艺的概念。

归拔工艺是服装造型的重要手段，是指使服装更好地贴合人体曲线形状的熨烫手法。其原理是利用织物的伸缩性能，在温度、湿度和外力的作用下改变织物的经纬组织，或缩短（归），或拉长（拔），从而达到塑造服装立体造型的目的。

①归。归就是归拢和收缩，是为了使服装贴合人体上较为平坦和凹陷的部位而进行的处理。经过归烫的部位会自然收缩，由于其附近的织物相对较长，就会在该部位形成一个凹陷。

②拔。拔就是拔长，是指当某个部位隆起的高度不够时，通过拔开这个部位的织物密度，略微改变其经纬组织的方向，从而获得相应的高度来满足需要的工艺手段。

2）有归拔需求的人体部位。

需要进行归拔工艺处理的人体部位有胸部、肩端部、腹部、前膝部、后肩胛部、后肘部、后臀部和胯骨部（见图2-4-15）。这些人体部位都不同程度地向外突起，女性以胸部隆起最为明显，男性则以后肩胛部突起最为明显。

3）归拔工艺的操作方法。

①前衣片归拔。把前衣片在中心线处折叠，正面相对，摆平置于烫床上，把侧缝中腰处拔开，臀部归直，使衣片的曲线与人体曲线相符。

②后衣片归拔。把后衣片在中心线处折叠，正面相对，摆平置于烫床上，把侧缝中腰处拔开，后中腰处归缩，对侧缝臀部的凸势进行归缩处理，余量推到臀部，再把后袖窿略归一下，把凸势推向背处，推出肩胛凸势。

（2）敷牵带工艺。

牵带起牵制作用，防止服装拉伸变形。对于一些轻薄面料来说，牵带还起着减少缝口起皱的作用。凡是容易拉伸变形的服装部位都应敷上牵带，例如袋口、驳口线、领口线、袖窿、门襟止口等（见图2-4-16）。敷牵带时，一般要略拉紧一点儿再敷上。

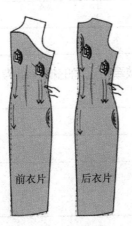

图 2-4-15 有归拔需求的人体部位

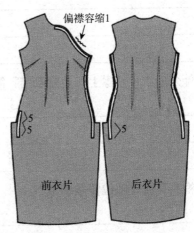

图 2-4-16 敷牵带的部位

引导问题

请同学们在教师的示范指导下，进行粘衬，缉省，烫省，归拔前衣片、后衣片及敷牵带训练，然后查阅相关学材，并独立回答以下几个问题。

（1）旗袍中哪些部位需要粘衬？

_____

_____

（2）如何缉省？

_____

_____

（3）缉省如何保证质量？

_____

_____

（4）什么是服装的归拔工艺？

_____

_____

_____

（5）旗袍前衣片、后衣片的归拔要求是什么？

_____

_____

_____

（6）为什么前衣片开襟上口要敷牵带？简述敷牵带正确的操作手势。

_____

_____

_____

（7）旗袍共有哪些部位要敷牵带？

_____

_____

📒 **小贴士**

常见的旗袍衣边装饰手法

常见的旗袍衣边装饰手法有"镶"和"绲"两种。

"镶"与"绲"无论是成品形态，还是制作方法都有一些细微的差异。

"镶"一般是指用较宽的直丝面料扣光边缘，通过暗针钉缝在服装的表面的装饰手法，面料之间多为单层的贴合。在镶边前，传统的老手艺人会借助一根沾水棉线，顺沿着镶条的轮廓线摆放。由于丝绸等面料遇水之后便会变得柔软易折，沿着这条湿线将面料扣光后，要立即用滚烫的熨斗进行熨烫，这样就能得到轮廓准确而边缘平滑的镶边半成品。

"绲"又同"滚"，是一种沿着服装的边缘缝上布条、带子等的装饰手法。有时在处理极细的绲边时，还要在里面加裹粗棉线，以达到外观滚圆硬挺的效果，因此"绲"也被称作"嵌线"。

在实践过程中，由于"镶"和"绲"在传统服装制作中经常搭配使用，处理技巧也比较相似，因此人们逐渐将这种沿衣边层层勾勒的装饰手法统称为"镶绲"。

📍 **引导问题**

（1）请同学们在教师的示范指导下，进行旗袍镶绲边训练，然后查阅相关学材，并独立回答以下四个问题。

1）旗袍镶绲边的作用是什么？

_____

_____

2）什么是镶边？

_____

_____

3）什么是绲边？

_____

_____

4）以上两种装饰工艺，你觉得哪种更难？为什么？

_____

_____

（2）请同学们在教师的示范指导下，进行做底襟、合肩缝、合侧缝、做里子、固定里子和衣片、缉里子底边的训练，然后查阅相关学材，并独立回答以下五个问题。

1）合肩缝时要注意什么？

_____

_____

2）合侧缝时要注意预留哪些部位不缝合？

_____

_____

3）做里子时主要有哪些工序要做？

_____

_____

4）固定里子和衣片时有哪些工艺要求？

_____

_____

5）缉里子底边时有哪些注意事项？

_____

_____

_____

📑 小贴士

隐形拉链的缝制

（1）原料、工具准备。

1）隐形拉链（见图 2-4-17）。

2）熨斗，用于烫平隐形拉链（见图 2-4-18）。

图 2-4-17　隐形拉链

图 2-4-18　熨斗

3）针插，用于在缝制前固定隐形拉链（见图 2-4-19）。

4）单边压脚，需用缝制隐形拉链专用压脚（见图 2-4-20）。

图 2-4-19　针插

图 2-4-20　单边压脚

（2）缝制步骤。

1）烫平隐形拉链。

2）先确定拉链安装的位置及需要安装的拉链长度，拉链的顶部和裙子的净边之间应该留出 0.5~0.7 cm 的余量。

3）在拉链的底部标注裙子开口需要的长度。

4）用大头针固定拉链与衣片。

5）将拉链粗缝在衣片上，缝一段取下一个大头针。

6）缝好拉链后，将拉链打开，并用熨斗熨烫，注意温度不要太高，以免烫坏拉链。

7）利用单边压脚将拉链缝制在装拉链处。

8）遇到拉链底部较卷的情况，可用锥子辅助缝制。

9）缝到裙子的开口结束处即可，不用缝到底。

10）再在拉链与裙子缝边的中间缉一道线，固定拉链与裙子的缝边，这条线需要缝到拉链的底端。

 引导问题

请同学们在教师的示范指导下，进行装隐形拉链训练，然后查阅相关学材，并独立回答以下五个问题。

（1）隐形拉链的特点是什么？

_____

_____

（2）发现隐形拉链不平怎么办？

_____

_____

（3）为什么隐形拉链的顶部和裙子的净边之间应该留出 0.5~0.7 cm 的余量？

_____

_____

（4）为什么装隐形拉链要使用单边压脚？

_____

_____

（5）装隐形拉链为什么不能一直装到底？

_____

_____

_____

┌───┐

📖 **小贴士**

旗袍开衩造型如图 2-4-21 所示。

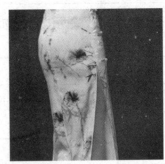

图 2-4-21　旗袍开衩造型

（1）旗袍两侧开衩的由来。

为了方便劳作，古代的女性会在袍子的左右两侧开衩，在骑马登山或下河时，就把袍子下摆扯起来系在腰间，以便自由行动，平时可以把开衩的地方用纽襻扣住，这样既可保暖又美观大方。

（2）旗袍开衩的注意事项。

一般旗袍的标准开衩高度是人站直后手臂自然下垂时，虎口所在的高度，最低也不能低于指尖，否则走路不方便。

└───┘

ⓘ **引导问题**

请同学们在教师的指导下，完成旗袍开衩部位的缝制与熨烫，并独立回答以下七个问题。

（1）简述旗袍开衩的历史由来。

_____

_____

（2）旗袍开衩的目的是什么？

_____

_____

（3）衩尖是什么形状？

_____

_____

（4）缝制时如何保证衩尖两边完全吻合？

_____

_____

（5）装好衩条后，为什么要先手工固定再缉线？

_____

_____

_____

（6）为什么要在旗袍开衩处打套结？

_____

_____

（7）简述打套结的方法。

_____

_____

📎 小贴士

（1）旗袍的常用领型（见图 2-4-22）。

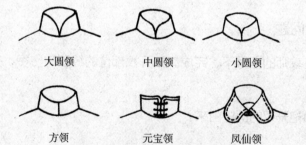

| 大圆领 | 中圆领 | 小圆领 |

| 方领 | 元宝领 | 凤仙领 |

图 2-4-22　旗袍的常用领型

（2）旗袍做领与装领步骤（见图 2-4-23）。

1）领面粘衬。

2）扣烫底领，合缉领面领底，翻烫领子。

3）绷领、手缝针缲领里。

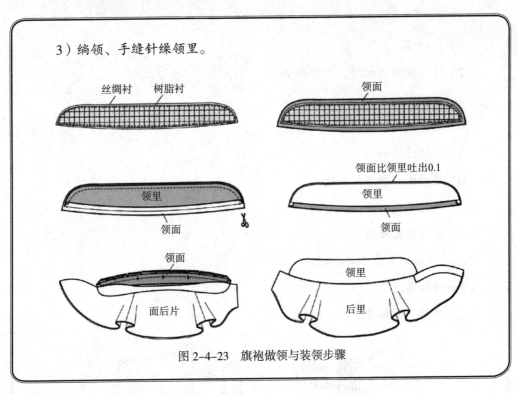

图 2-4-23　旗袍做领与装领步骤

ℹ️ 引导问题

（1）简述旗袍做领的步骤与要求。

_____

_____

（2）简述旗袍装领的步骤与要求。

_____

_____

📒 小贴士

旗袍做袖与装袖步骤

（1）做袖。

先将袖面缝成圆形并烫好，再缝制袖里。因为袖口有绲条，所以需用缲针缲牢袖面、袖里的袖口处。做袖流程分为以下八步。

1）合袖缝。

2）劈烫袖面的袖缝，扣烫袖口。

3）抽袖山。

4）缝合袖面、袖里的袖口。

5）手缝针绷袖口。

6）定袖面、袖里的袖缝。

7）翻烫袖子。

8）临时固定袖身。

（2）装袖（见图 2-4-24）。

1）绷袖面。

2）绷袖里、袖窿。

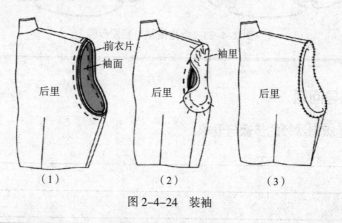

（1）　　　　　　　（2）　　　　　　　（3）

图 2-4-24　装袖

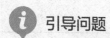 **引导问题**

（1）绷袖里的袖口和袖窿用的是哪种手缝针法？

（2）袖山头处应如何抽吃势量？

┌───┐

📋 **小贴士**

旗袍中的盘扣工艺

（1）盘扣的特点。

1）盘扣的造型。

传统的盘扣多采用左右对称式样，体现了传统文化中追求平衡、稳定、和谐的审美观。

在结构上，盘扣由扣门、扣结及盘花三个部分组成。盘花的样式多种多样。盘花大多由细直的长条构成，而制作形态复杂的盘扣时，可加入铜丝或铁丝使其结构稳定，也可加入棉线等填充物使盘扣变得立体生动（见图 2-4-25）。

图 2-4-25　盘扣的造型

2）盘扣的色彩。

盘扣作为旗袍配饰的一个组成部分，在色彩上需遵循两个原则：一是要追求自然、传统之美；二是盘扣的色彩与旗袍的整体色彩必须搭配得当，例如盘扣与绲边可采用同种颜色。此外，中国民间美术色彩搭配往往遵循"高纯度、强对比"的原则，选择盘扣的色彩时，可加强高纯度色彩的色相对比、纯度对比、冷暖对比等，这样可以使盘扣更加生动，突出其装饰性（见图 2-4-26）。

图 2-4-26　盘扣的色彩

（2）盘扣的分类。

盘扣的种类多样，大致可以将它归为几个大类。第一类是模仿花草果实的

└───┘

盘扣，如兰花扣、梅花扣、菊花扣、石榴扣等；第二类是模仿动物的盘扣，如蜗牛扣等；第三类是借用汉字丰富的寓意来表达对生活美好祝愿的盘扣，如祝福老人长寿安康的寿字扣、新娘礼服上的双喜扣等（见图2-4-27）。

图 2-4-27　盘扣的分类

（3）盘扣的寓意。

盘扣的寓意包括祈福祝寿、情爱寄托等。寓意着祈福祝寿的盘扣以寿字扣和各式花卉扣为代表，最常见的表达情爱寄托的盘扣为蝴蝶扣。盘扣还可与时令、节日、穿着者的年龄等搭配来表达美好祝愿，如春配兰，夏配荷，春节配如意扣，年轻女性配兰花扣，老年人配寿字扣等。

引导问题

（1）作为旗袍配饰的一个组成部分，盘扣的色彩搭配需遵循哪两个原则？

_____

_____

（2）常见盘扣的造型有哪些？与其对应的寓意是什么？

_____

_____

_____

_____

> 📋 **小贴士**
>
> ### 旗袍的整烫
>
> （1）整烫目的。
>
> 1）使旗袍外观平整。
>
> 2）使旗袍符合人体体型特征。
>
> （2）整烫顺序。
>
> 1）先烫里子，后烫面子。
>
> 2）先烫肩部，后烫底边。
>
> 3）先烫袖子、领子，后烫衣身。
>
> （3）整烫步骤。
>
> 袖口→袖缝→摆缝→肩缝→衣身→下摆→领子。
>
> 在整烫前应修剪线头，清洗污渍。整烫时应根据面料特性合理选择湿烫的温度和湿度，或者干烫的时间和压力。整烫时要在旗袍上方盖布，尽量避免直烫。丝绒面料不能直接压烫，只能用蒸汽喷烫，避免因面料倒毛而产生极光。

3. 学习检验

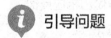
引导问题

（1）请同学们在教师的指导下，叙述旗袍缝制的工艺流程。

_____

_____

（2）以小组为单位，讨论分析旗袍缝制工艺的重点步骤。

_____

_____

_____

（3）以小组为单位，讨论分析旗袍缝制各部位的质量要求。

_____

_____

_____

（4）请同学们以小组为单位，集中填写设备使用记录表（见表2-4-5）。

表2-4-5　　　　　　　　　　设备使用记录表

使用设备名称	是否正常使用	
	是	否，是如何处理的
裁剪设备		
缝制设备		
整烫设备		

引导评价、更正与完善

在教师讲评引导的基础上，对本阶段的学习活动成果进行自我评价和小组评价（100分制），然后根据评价用红笔对本阶段引导问题的回答进行更正和完善。

项目	类别	分数	项目	类别	分数
个人自评分	关键能力		小组评分	关键能力	
	专业能力			专业能力	

（四）成果展示与评价反馈

1. 知识学习

任务完成后，需要对任务成果进行展示和评价，并对评价做出相应反馈。

（1）展示的基本方法：平面展示法、人台展示法和其他展示法。

平面展示法是将成品平铺在工作台上进行展示的方法。

人台展示法是将成品穿在人台上进行展示的方法。

其他展示法主要包括真人穿着展示和衣架悬挂展示等。

旗袍成品的展示建议采用人台展示法。

（2）评价的基本方法：观察法、比对法等。

观察法是指通过肉眼观察判断成品品质的一种评价方法。

比对法是指将成品与同学们的成品进行比对，检测成品是否一致的一种评价方法。

2. 技能训练

 实践

（1）将成品穿在人台上进行展示。

（2）依据旗袍缝制质量要求，对旗袍的缝制、熨烫成果进行自我评价和小组评价。

3. 学习检验

引导问题

（1）在教师的指导下，小组内进行作品展示，然后经由小组讨论，推选出一组最佳作品，进行全班展示与评价，并由组长简要介绍推选的理由，小组其他成员做补充并记录。

小组最佳作品制作人：_____

推选理由：_____

_____

其他小组评价意见：_____

_____

教师评价意见：_____

_____

（2）将本次学习活动中出现的问题及其产生的原因和解决的办法填写在问题分析及解决表（见表2-4-6）中。

表2-4-6　　　　　　　　　　问题分析及解决表

出现的问题	产生的原因	解决的办法
1.		
2.		
3.		
4.		

自我评价

就本次学习活动中自己最满意的地方和最不满意的地方各列举一点，并简要说明原因，然后完成学习活动考核评价表（见表2-4-7）的填写。

最满意的地方：_____

最不满意的地方：_____

表 2-4-7　　　　　　　　　　学习活动考核评价表

学习活动名称：旗袍缝制、熨烫

班级：　　　　学号：　　　　姓名：　　　　指导教师：

评价项目	评价标准	评价依据	评价方式及权重			权重	得分小计	总分
			自我评价	小组评价	教师（企业）评价			
			10%	20%	70%			
关键能力	1. 能穿戴劳保服装，执行安全操作规程 2. 能参与小组讨论，制订计划，相互交流与评价 3. 能积极参与学习活动 4. 能清晰、准确表达，与相关人员进行有效沟通 5. 能清扫场地，清理机台，归置物品，填写设备使用记录表	1. 课堂表现 2. 工作页填写				40%		
专业能力	1. 能识读旗袍生产工艺单，明确工艺要求，叙述制作流程 2. 能在旗袍缝制中运用各种手缝针法 3. 能在教师指导下，完成旗袍的全部制作 4. 能按照企业标准或世界技能大赛评分标准对旗袍缝制、熨烫成果进行检验，并进行展示	1. 课堂表现 2. 工作页填写 3. 提交的成品质量				60%		
指导教师综合评价								

指导教师签名：　　　　　　　　日期：

三、学习拓展

说明：本阶段学习拓展建议课时为 4 课时，要求学生在课后独立完成。教师可根据本校的教学需要和学生的实际情况，选择部分或全部进行实践，也可另行选择相关拓展内容。

拓展

请同学们在教师指导下，通过小组讨论合作，完成如图 2-4-28 所示盘扣的制作。

图 2-4-28　盘扣示例

查询与收集

请同学们通过查阅相关学材或企业生产工艺单，选择 1~2 个旗袍的生产工艺单，摘录其工艺要求，并分析其制作流程。

学习活动 5
旗袍成品质量检验

学习目标

1. 能严格遵守工作制度，服从工作安排，按要求准备旗袍成品质量检验所需的工具、设备、材料与各项工艺文件。

2. 能正确识读旗袍成品质量检验的各项工艺文件，分析旗袍的款式特点。

3. 能查阅相关技术资料，制订旗袍成品质量检验的计划，并在教师的指导下，通过小组讨论做出决策。

4. 能按照企业标准（或参照世界技能大赛评分标准）对旗袍制作的工艺要求和质量要求进行分析，并依据其要求修正相关问题。

5. 能记录旗袍成品质量检验工作过程中的疑难点，在教师的指导下，通过小组讨论、合作探究或独立思考的方式提出妥善的问题解决办法，并在实践中解决问题。

6. 能展示、评价旗袍成品质量检验各阶段的成果，并根据评价结果，做出相应反馈。

一、学习准备

1. 准备服装检验工作室中的检验设备与工具。

2. 准备劳保服装、安全操作规程、服装质量检验相关学材。

3. 划分学习小组（每组5~6人），将分组信息填写在小组编号表（见表2-5-1）中。

表 2-5-1　　　　　　　　小组编号表

组号	组内成员及编号	组长姓名	组长编号	本人姓名	本人编号

提示

请同学们自己检查一下，劳保服装有没有穿戴好？手机是否已经放入手机袋？请仔细阅读安全操作规程，将其要点摘录下来。

二、学习过程

（一）明确工作任务，获取相关信息

1. 知识学习

引导问题

旗袍制作完成后，应如何检测旗袍成品的质量？

小贴士

旗袍成品质量检验标准评分表见表 2-5-2。

表 2-5-2　　　　　　　　旗袍成品质量检验标准评分表

序号	考核内容		考核要点	配分	评分标准	扣分	得分
1	缝制	成品规格	1. 衣长公差不超过 ±1 cm 2. 袖长公差不超过 ±0.8 cm 3. 胸围公差不超过 ±2 cm 4. 肩宽公差不超过 ±0.6 cm 5. 领围公差不超过 ±0.5 cm	5	全部符合要求得5分，1项不符合要求扣1分		
		线迹密度	机缝线迹密度为 16~18针/3 cm，手缝线迹密度为 18~22针/3 cm	2	不符合要求扣2分		

续表

序号	考核内容	考核要点	配分	评分标准	扣分	得分
1	缝制	绱领端正、整齐；缉线牢固；领窝圆顺、平服；领子（对花）左右对称、平服；领外口顺直；止口不外吐；领里缲针整齐、细密，领里平服	7	绱领不端正、不整齐扣1分；缉线不牢固扣1分；领窝不圆顺、不平服扣1分；领子（对花）左右不对称、不平服扣1分；领外口不顺直扣1分；止口外吐扣1分；领里缲针不整齐、不细密，领里不平服扣1分		
		两袖长短一致；袖口大小一致；袖缝顺直；袖子底边不起吊；袖里平服、美观；袖子圆顺，吃势均匀、饱满；装袖前后位置准确、对称	7	两袖长互差大于0.5 cm扣1分；两袖口大小互差大于0.3 cm扣1分；袖缝不顺直扣1分；袖口底边起吊扣1分；袖里不平服、不美观扣1分；绱袖不圆顺，袖山吃势不均匀、不饱满扣1分；装袖前后位置不准确、不对称扣1分		
		隐形拉链平服，不翘不拱；拉链位置准确，左右对称；拉链无歪斜；拉链隐形效果好，无外露；拉链拉动顺畅，无卡顿	5	隐形拉链不平服扣1分；拉链位置不准确，左右不对称扣1分；拉链歪斜扣1分；拉链有外露扣1分；拉链拉动不顺畅，有卡顿扣1分		
		肩部圆顺、平服，肩缝顺直不后甩；两肩宽窄一致	2	肩部不平服，肩缝不顺直、后甩扣1分；两肩宽窄互差大于0.4 cm扣1分		
		省道顺直、平服；侧缝顺直、平服；开衩处平服，高低一致	3	省道不顺直、不平服扣1分；侧缝不顺直、不平服扣1分；开衩处不平服，高低不一致扣1分		

续表

序号	考核内容		考核要点	配分	评分标准	扣分	得分
1	缝制	前身下摆	前身摆角方正，底边宽窄一致，底边扦针牢固	3	前身底摆方角不方正、不平服扣1分，底边宽窄互差大于0.5 cm扣1分，底边扦针不牢固扣1分		
		里子	里子平服，松紧适宜；过面平服、顺直；止口部位里子不外吐	4	里子不平服，松紧不适宜扣1分；过面不平服，不顺直扣1分；止口部位里子外吐扣1分		
		盘扣	盘扣缝制位置正确、牢固；盘扣大小一致，造型美观	2	盘扣缝制位置不正确、不牢固扣1分；盘扣大小不一致，造型不美观扣1分		
2	熨烫与整理	成衣	胸部丰满、挺括，位置适宜、对称；腰节平服；成衣整洁，无污渍、水花和极光；面、里无死线头、线丁、粉印线	5	胸部不丰满、不挺括，位置不适宜、不对称扣1分；腰节不平服，起裂扣1分；成衣表面有污渍、水花、极光扣1分；面、里有死线头、线丁、粉印线扣1分		
3	设备的调整、保养与维护		正确使用设备，操作安全规范；使用设备过程中如出现常规故障，能自行调整解决；设备使用完毕后，进行正确的保养和维护；操作结束后清理工作台，整理好物品	5	未能正确使用设备，操作不安全规范扣2分；使用设备过程中如出现常规故障，不能自行调整解决扣1分；设备使用完毕后未能进行正确的保养和维护扣1分；操作结束后未能清理工作台，未能整理好物品扣1分		
合计得分				50			

 讨论

请同学们仔细查看上表，简述旗袍成品质量检验主要包括哪些内容？

2. 学习检验

 引导问题

在教师的引导下，独立填写学习活动简要归纳表（见表 2-5-3）。

表 2-5-3　　　　　　　　　学习活动简要归纳表

本次学习活动的名称	
本次学习活动的主要目标	
本次学习活动的内容	
本次学习活动中实现 难度较大的地方	

引导评价、更正与完善

在教师讲评引导的基础上，对本阶段的学习活动成果进行自我评价和小组评价（100 分制），然后根据评价结果用红笔对本阶段引导问题的回答进行更正和完善。

项目	类别	分数	项目	类别	分数
个人自评分	关键能力		小组评分	关键能力	
	专业能力			专业能力	

（二）制订旗袍成品质量检验的计划并决策

1. 知识学习

学习制订计划的基本方法、内容和注意事项，重点围绕学习活动展开。

制订计划的参考意见：整个工作的内容和目标是什么？整个工作分几步实施？过程中要注意哪些问题？小组成员之间应如何配合？出现问题应如何处理？

2. 学习检验

 引导问题

（1）请简要写出你所在小组的工作计划。

_____

_____

_____

（2）你在制订计划的过程中承担了哪些工作？有什么体会？

_____

_____

（3）教师对小组的计划给出了哪些修改建议？为什么？

_____

_____

_____

（4）你认为计划中哪些地方比较难实施？为什么？你有什么想法？

_____

_____

_____

（5）小组最终做出了什么决定？决定是如何做出的？

_____

_____

_____

引导评价、更正与完善

在教师讲评引导的基础上，对本阶段的学习活动成果进行自我评价和小组评价（100 分制），然后根据评价结果用红笔对本阶段引导问题的回答进行更正和完善。

项目	类别	分数	项目	类别	分数
个人自评分	关键能力		小组评分	关键能力	
	专业能力			专业能力	

（三）旗袍成品质量检验的实施

1. 知识学习

（1）成品规格检验。

1）衣长检验：从颈侧点直量至旗袍底边（见图 2-5-1）。

2）胸围检验：在旗袍外连接左右袖窿深点，经胸高点处水平测量（见图 2-5-2）。

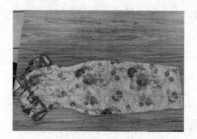
图 2-5-1　衣长检验

图 2-5-2　胸围检验

3）腰围检验：沿旗袍腰身最细处水平测量（见图 2-5-3）。

4）肩宽检验：由旗袍左肩外端经后领根部量至右肩外端（见图 2-5-4）。

5）前胸宽检验：连接旗袍左右前袖窿深下 1/3 处，水平测量（见图 2-5-5）。

图 2-5-3　腰围检验

图 2-5-4　肩宽检验

图 2-5-5　前胸宽检验

6）后背宽检验：连接旗袍左右后袖窿深下 1/3 处，水平测量（见图 2-5-6）。

7）袖长检验：由肩端量至袖口（见图 2-5-7）。

8）袖口检验：围绕袖口一周测量（见图 2-5-8）。

图 2-5-6　后背宽检验

图 2-5-7　袖长检验

图 2-5-8　袖口检验

9）领围检验：围绕领根部位一周测量（见图 2-5-9）。

10）领宽检验：在后领中处垂直测量（见图 2-5-10）。

图 2-5-9　领围检验　　　　图 2-5-10　领宽检验

（2）成品工艺检验。

旗袍工艺检验识别表见表 2-5-4，请同学们在表中所示图片的下方填写旗袍各部位的检验要求。

表 2-5-4　　　　　　　　旗袍工艺检验识别表

检验部位	领子	肩缝	袖子
检验要求			
检验部位	隐形拉链	胸腰省	钉扣
检验要求			
检验部位	手缝线迹	下摆	开衩
检验要求			

2. 技能训练

 引导问题

（1）请同学们按照上述检验方法和检验要求对所制作的旗袍进行检验，并在旗袍成品规格与生产工艺单要求规格误差表（见表2-5-5）中填写旗袍成品规格检验数据与生产工艺单要求规格数据之间的误差值。

表 2-5-5　　　　旗袍成品规格与生产工艺单要求规格误差表

部位	衣长	胸围	肩宽	腰围	臀围	胸宽	背宽
误差值							
部位	腰节长	领围	领高	袖长	袖口大	衩长	底摆宽
误差值							

（2）请同学们想一想，在旗袍成品规格检验中，对不同部位进行检验的方法分别是什么样的？

_____

_____

 讨论

（1）各小组分别对表2-5-5进行对比分析，并简述误差值产生的原因。

_____

_____

_____

（2）检验旗袍领子缝制质量的操作要领有哪些？

_____

_____

_____

（3）袖子规格检验主要包括哪些内容？

_____

_____

_____

（4）旗袍省缝检验包括哪些内容？

_____

_____

_____

_____

（5）旗袍开衩部位的检验包括哪些内容？

_____

_____

_____

_____

3. 学习检验

（1）请同学们在教师的指导下，完成旗袍的成品质量检验，独立填写旗袍制作评分表（见表 2-5-6），并将旗袍调整到位。

表 2-5-6　　　　　　旗袍制作评分表

序号	分值	评分内容		评分标准	得分
1	80	完成度	按照工艺要求完成制作	完成得分，未完成不得分	
2	5	整洁度	外观干净整洁，无脏斑，无过度熨烫或熨烫不足，无线头、破损	有一处错误扣5分	
3	5	规格	尺寸规格达到要求，各部位误差值均在允许范围内	有一处错误扣5分	
4	5	线迹	线迹密度为 16~18 针 /3 cm，线迹松紧适度，中间无跳线、断线、接线	有一处不符扣5分	
5	5	工作区整洁度	工作结束后，工作区整理干净，物品摆放整齐，电源关闭	有一项不到位扣5分	
		合计得分			

（2）请同学们以小组为单位，集中填写设备使用记录表（见表2-5-7）。

表 2-5-7　　　　　　　　　　　设备使用记录表

使用设备名称		是否正常使用	
		是	否，是如何处理的
裁剪设备			
缝制设备			
整烫设备			

引导评价、更正与完善

在教师讲评引导的基础上，对本阶段的学习活动成果进行自我评价和小组评价（100分制），然后根据评价结果用红笔对本阶段引导问题的回答进行更正和完善。

项目	类别	分数	项目	类别	分数
个人自评分	关键能力		小组评分	关键能力	
	专业能力			专业能力	

（四）成果展示与评价反馈

1. 知识学习

（1）弊病一（见图2-5-11）。

1）外观形态：前肩部不平整，起褶皱。

2）产生原因：绱领时前领口弧线被拉长。

3）解决办法：做好装领对肩点标记，如果领圈的弧长不够，可适当在肩缝处左右拉开。

（2）弊病二（见图2-5-12）。

图 2-5-11　弊病一　　　　　　　　图 2-5-12　弊病二

1）外观形态：胸部紧绷，起褶皱。

2）产生原因：缝份过量，前衣片胸围量不足。

3）解决办法：检查缝份是否缝过量，腋下省和腰省收省的位置、大小是否正确。

（3）弊病三（见图2-5-13）。

1）外观形态：偏襟部位外翘，右前侧不服帖。

2）产生原因：装袖时袖窿处丝绺被拉长，前衣片偏襟部位绲边时被拉长，装盘扣的位置不准确。

3）解决办法：装袖时给袖窿处丝绺和前衣片偏襟部位敷牵带并调整盘扣位置，使之对齐。

（4）弊病四（见图2-5-14）。

1）外观形态：腰臀处不服帖，起褶皱。

2）产生原因：制图时臀围线位置偏高；由于开衩和隐形拉链的安装，臀围处缝头多缝。

3）解决办法：下降臀围线，使之与人体凸起部位相符；调整臀围处缝份。

图2-5-13 弊病三　　　　　　图2-5-14 弊病四

2. 技能训练

将每组有弊病的旗袍穿在人台上进行展示，并在教师的指导下，对弊病进行分析和修正。

3. 学习检验

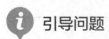 引导问题

（1）在教师的指导下，小组内进行作品展示，然后经由小组讨论，推选出一组最佳作品，进行全班展示与评价，并由组长简要介绍推选的理由，小组其他成员做

补充并记录。

　　小组最佳作品制作人：＿＿＿＿＿＿＿

　　推选理由：＿＿＿＿＿＿＿＿＿＿＿＿＿＿＿＿＿＿＿＿＿＿＿＿

　　其他小组评价意见：＿＿＿＿＿＿＿＿＿＿＿＿＿＿＿＿＿＿＿＿

＿＿＿＿＿＿＿＿＿＿＿＿＿＿＿＿＿＿＿＿＿＿＿＿＿＿＿＿＿＿＿

＿＿＿＿＿＿＿＿＿＿＿＿＿＿＿＿＿＿＿＿＿＿＿＿＿＿＿＿＿＿＿

　　教师评价意见：＿＿＿＿＿＿＿＿＿＿＿＿＿＿＿＿＿＿＿＿＿＿

＿＿＿＿＿＿＿＿＿＿＿＿＿＿＿＿＿＿＿＿＿＿＿＿＿＿＿＿＿＿＿

＿＿＿＿＿＿＿＿＿＿＿＿＿＿＿＿＿＿＿＿＿＿＿＿＿＿＿＿＿＿＿

　　（2）将本次学习活动中出现的问题及其产生的原因和解决的办法填写在问题分析及解决表（见表2-5-8）中。

表 2-5-8　　　　　　　　　　问题分析及解决表

出现的问题	产生的原因	解决的办法
1.		
2.		
3.		
4.		

自我评价

　　就本次学习活动中自己最满意的地方和最不满意的地方各列举一点，并简要说明原因，然后完成学习活动考核评价表（见表2-5-9）的填写。

　　最满意的地方：＿＿＿＿＿＿＿＿＿＿＿＿＿＿＿＿＿＿＿＿＿＿

＿＿＿＿＿＿＿＿＿＿＿＿＿＿＿＿＿＿＿＿＿＿＿＿＿＿＿＿＿＿＿

＿＿＿＿＿＿＿＿＿＿＿＿＿＿＿＿＿＿＿＿＿＿＿＿＿＿＿＿＿＿＿

　　最不满意的地方：＿＿＿＿＿＿＿＿＿＿＿＿＿＿＿＿＿＿＿＿＿

＿＿＿＿＿＿＿＿＿＿＿＿＿＿＿＿＿＿＿＿＿＿＿＿＿＿＿＿＿＿＿

＿＿＿＿＿＿＿＿＿＿＿＿＿＿＿＿＿＿＿＿＿＿＿＿＿＿＿＿＿＿＿

表 2-5-9　　　　　　　　　　学习活动考核评价表

学习活动名称：旗袍成品质量检验

班级：　　　　　学号：　　　　　姓名：　　　　　指导教师：

评价项目	评价标准	评价依据	评价方式及权重			权重	得分小计	总分
			自我评价	小组评价	教师（企业）评价			
			10%	20%	70%			
关键能力	1. 能穿戴劳保服装，执行安全操作规程 2. 能参与小组讨论，制订计划，相互交流与评价 3. 能积极参与学习活动 4. 能清晰、准确表达，与相关人员进行有效沟通 5. 能清扫场地，清理机台，归置物品，填写设备使用记录表	1. 课堂表现 2. 工作页填写				40%		
专业能力	1. 能熟记旗袍成品质量检验标准 2. 能对旗袍各部位进行成品规格检验 3. 能按照企业标准对旗袍进行成品工艺检验，并进行展示 4. 能在教师指导下，分析旗袍弊病的形成原因，并进行修正	1. 课堂表现 2. 工作页填写 3. 提交的成品质量				60%		
指导教师综合评价	指导教师签名：　　　　　　　　日期：							

三、学习拓展

说明：本阶段学习拓展建议课时为 2~4 课时，要求学生在课后独立完成。教师可根据本校的教学需要和学生的实际情况，选择部分或全部进行实践，也可另行选择相关拓展内容。

📖 **拓展**

请同学们在教师指导下，通过小组讨论交流，制定如图 2-5-15 所示的旗袍短袄的成品质量检验标准，并分析其成品质量检验要点。

图 2-5-15 旗袍短袄

🔍 **查询与收集**

请同学们通过查阅相关学材或企业生产工艺单，选择 1~2 个旗袍的生产工艺单，摘录其成品质量检验标准。

_____

_____

学习任务三
中山装制作

学习目标

1. 能识读中山装生产工艺单的内容，明确加工内容、加工数量、工期等生产要求和工艺要求，按要求领取工具和材料。

2. 能核对中山装裁剪样板，对面辅料的色差、疵点、纬斜、脏残、倒顺等问题进行检查并标记；能根据面料特性进行预缩、熨烫等处理；能正确排版、裁剪。

3. 能根据中山装结构特点、工艺要求和面料特性，合理选择、调试、使用和维护加工设备，按照生产安全防护规定，执行安全操作规程。

4. 能根据任务要求，合理确定工艺制作方法，独立完成基础的服装缝制，做到缝份宽窄一致，熨烫到位，领子服帖，左右对称，袖山圆顺，吃缝均匀，袖子前后位置一致，止口平整、顺直，不豁不搅。在缝制过程中能记录疑难点。

5. 能使用专业术语与相关人员进行有效沟通，妥善解决制作过程中的疑难问题。

6. 能按照成品质量检验标准（可参考世界技能大赛时装技术项目标准）对中山装进行自检、修改，确保成品质量。

7. 能按照工作流程和要求，对合格成品、样板和相关技术资料进行整理保管。

8. 能正确使用、保养设备并认真填写设备使用记录表。

9. 在工作过程中，能遵守"8S"管理规定，养成认真负责、规范有序、严谨细致、保证质量等良好的职业素养。

建议学时

112 学时。

学习任务描述

假设你是一名样衣师，服装公司生产部门接到中山装制作任务，要求制作一件中山装，在 16 小时内完成制作。生产部门将该任务交给样衣师。

接到任务后，样衣师按照任务要求，领取相关材料，然后独立完成排版、裁剪、缝制、熨烫和检验工作。裁剪时，样衣师需认真检查面料，复核幅宽，核对裁剪样板，准确裁剪。制作时，样衣师应根据工艺要求，做到缝份一致，点位对齐，熨烫到位，领子服帖，左右对称，袖山圆顺，袖子位置一致，止口顺直，不豁不搅，胸部造型挺括，腰线流畅，左右口袋位置对称，袋口、袋盖拥度适宜，明线无接线，并记录缝制过程中的疑难问题和解决措施。成品制作完成后，样衣师要对成品进行质量检验，对不合格的部分进行修改返工，确保成品质量。最后样衣师要将制成的中山装、样板和相关技术资料全部交回技术部门，并办理相关移交手续。样衣师需正确使用、保养设备并认真填写设备使用记录表，工作过程中应始终遵守"8S"管理规定。

学习活动

1. 中山装工艺文件识读
2. 中山装制作前期准备
3. 中山装排料、裁剪
4. 中山装缝制、熨烫
5. 中山装成品质量检验

学习活动 1
中山装工艺文件识读

🎯 学习目标

1. 能严格遵守工作制度，服从工作安排，按要求准备中山装制作所需的工具、设备、材料与各项工艺文件。

2. 能正确识读中山装制作的各项工艺文件，明确中山装制作的流程、方法和注意事项。

3. 能查阅相关技术资料，制订符合中山装制作任务要求的计划，并在教师的指导下，通过小组讨论做出决策。

4. 能依据工艺文件要求，结合中山装制作规范，独立完成中山装工艺文件识读、检查与复核工作。

5. 能正确填写或编制中山装的相关工艺文件。

6. 能记录中山装工艺文件识读过程中的疑难点，在教师的指导下，通过小组讨论、合作探究或独立思考的方式提出妥善的问题解决方法，并在实践中解决问题。

7. 能按照工作流程和要求，进行资料归类和制作现场整理。

8. 能展示、评价中山装工艺文件识读各阶段的成果，并根据评价结果，做出相应反馈。

一、学习准备

1. 准备服装制作学习工作室中的缝制设备与工具、整烫设备与工具。

2. 准备劳保服装、安全操作规程、生产工艺单、中山装缝制工艺相关学材。

3. 划分学习小组（每组5~6人），将分组信息填写在小组编号表（见表3-1-1）中。

表 3-1-1　　　　　　　　　　　　小组编号表

组号	组内成员及编号	组长姓名	组长编号	本人姓名	本人编号

 提示

　　请同学们自己检查一下，劳保服装有没有穿戴好？手机是否已经放入手机袋？请仔细阅读安全操作规程，将其要点摘录下来。

_____

_____

二、学习过程

(一) 明确工作任务，获取相关信息

1. 知识学习

　　中山装的结构是以人体自然站立状态为基础进行设计的。中山装属于上装，由若干裁片组成，前后衣片的组合构成了上身躯干部分，大小袖片的组合构成了手臂部分，领子与领口的组合构成了脖颈部分。中山装的制作过程即是面、里、衬三层的加工和缝制组合。

 引导问题

请同学们想一想，中山装和男式西服分别是几开身结构？

_____

_____

 讨论

请同学们对照中山装实物，分析中山装的款式特征。

_____

_____

>
> **小贴士**
>
> 　中山装的做工比较讲究，领角要做成窝势，前胸处要有胖势，四个口袋要做得平服，丝缕要直。中山装在工艺上可分为精做和简做两种，前者有夹里和衬垫，一般用作礼服，后者不加衬料，适合用作日常便服。中山装造型均衡对称，外形美观大方，穿着高雅稳重，活动方便，行动自如，保暖护身。

2. 学习检验

引导问题

（1）在教师的引导下，独立填写学习活动简要归纳表（见表 3-1-2）。

表 3-1-2　　　　　　　　　学习活动简要归纳表

本次学习活动的名称	
本次学习活动的主要目标	
本次学习活动的内容	
本次学习活动中实现难度较大的地方	

（2）请同学们对照中山装实物，分析中山装的主要制作工艺。

_____

_____

_____

讨论

请同学们想一想，中山装的款式有哪些特点？

_____

_____

_____

_____

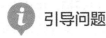 查询与收集

通过网络浏览或资料查阅，在教师指导下，分析中山装常用的色彩有哪些。

_____

_____

_____

ⓘ 引导问题

在教师的指导下，请同学们分析现代中山装的色彩应如何选择。

_____

_____

_____

🔍 引导评价、更正与完善

在教师讲评引导的基础上，对本阶段的学习活动成果进行自我评价和小组评价（100分制），然后根据评价结果用红笔对本阶段引导问题的回答进行更正和完善。

项目	类别	分数	项目	类别	分数
个人自评分	关键能力		小组评分	关键能力	
	专业能力			专业能力	

（二）制订中山装工艺文件识读的计划并决策

1. 知识学习

学习制订计划的基本方法、内容和注意事项，重点围绕学习活动展开。

制订计划的参考意见：整个工作的内容和目标是什么？整个工作分几步实施？过程中要注意哪些问题？小组成员之间应如何配合？出现问题应如何处理？

2. 学习检验

ⓘ 引导问题

（1）请简要写出你所在小组的工作计划。

_____

_____

（2）你在制订计划的过程中承担了哪些工作？有什么体会？

_____

_____

（3）教师对小组的计划给出了哪些修改建议？为什么？

_____

_____

（4）你认为计划中哪些地方比较难实施？为什么？你有什么想法？

_____

_____

（5）小组最终做出了什么决定？决定是如何做出的？

_____

_____

✓× 引导评价、更正与完善

在教师讲评引导的基础上，对本阶段的学习活动成果进行自我评价和小组评价（100分制），然后根据评价结果用红笔对本阶段引导问题的回答进行更正和完善。

项目	类别	分数	项目	类别	分数
个人自评分	关键能力		小组评分	关键能力	
	专业能力			专业能力	

（三）中山装制作工艺文件识读的实施

1. 知识学习

（1）中山装的款式特点和基本结构样板的分析确认。

中山装是关合式立领，立领由上领和下领组成，领角呈圆弧状，下领领口钉风纪扣。中山装前开襟，有五粒纽扣，衣领及门里襟缉明线，上下四个贴袋左右对称，袋盖开纽眼，后衣片无背缝。中山装圆装袖，袖口开衩，钉三粒纽扣。中山装肩部平宽，胸部挺括，腰部略收拢，下摆稍紧，整件服装呈倒梯形。

在发展过程中，中山装的款式基本成型后，其造型就基本稳定了下来。中山装款式的总体变化趋势是局部略有变化，整体保持不变，并且结构更加清晰，线条简练顺滑。

中山装后衣片、前衣片、袖子、领子制图的基本计算方法见表3-1-3至表3-1-5。

表3-1-3　　　　　　　　　　　后衣片制图基本计算方法　　　　　　　　单位：cm

部位	计算方法
后衣长	衣长 +3
袖窿深	B/6+2+3
后腰节	L/2+5+3
后领宽	N/5
后领深	2.5
后肩斜度	15：5
后肩宽	前小肩 +1
背宽	B/6+2.5
后袖窿翘高	0.05B-1

表3-1-4　　　　　　　　　　　前衣片制图基本方法　　　　　　　　　　单位：cm

部位	计算方法
前衣长	同设计衣长
袖窿深	B/6+2
前腰节	前腰节长
前肩斜度	15：6
前领宽	N/5-0.3
前领深	N/5
前袖窿翘高	同后袖窿翘高
前撇胸	1.5
前肩宽	S/2-0.7
前胸宽	B/6+1.5
第一扣位	领口深线下 2
第五扣位	腰节线下：前腰节长 /5
搭门	大襟 2，底襟 3

续表

部位	计算方法
大袋口	B/10+6
大袋口翘高	1
大袋长	袋口长度×1.2
大袋底宽	袋口尺寸+2.5
大袋盖宽	6.5
小袋位	与第二扣位齐
小袋口	0.05B+6
小袋口翘高	1
小袋长	袋口长度×1.2
小袋底宽	B/10+2

表 3-1-5　　　　　　袖子、领子制图基本计算方法　　　　单位：cm

部位	计算方法
袖长	实际尺寸
袖深	AH/2+0.3
袖肘线	号/5+1
袖口	B/10+4
袖肥	B/5+0.7
偏袖	3
翻领	翻领宽：4.2，翻领长：△+○-1.5
底领	底领宽：3.5，底领长：△+○

 引导问题

（1）比较表 3-1-3 和表 3-1-4 中后肩宽与前肩宽的计算方法，思考为什么后肩宽长要在前肩宽长的基础上加 1 cm？在缝制时应采用什么制作工艺？

_____

_____

（2）比较表3-1-3和表3-1-4中后背宽与前胸宽的计算方法，思考前胸宽要比后背宽少1 cm的原因。

_____

_____

_____

_____

📋 **小贴士**

（1）中山装前、后衣片框架图（见图3-1-1）。

（2）中山装前、后衣片结构图（见图3-1-2）。

（3）中山装袖片框架图（见图3-1-3）。

（4）中山装袖片结构图（见图3-1-4）。

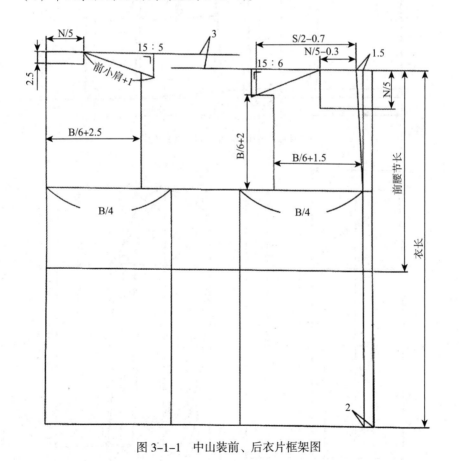

图3-1-1　中山装前、后衣片框架图

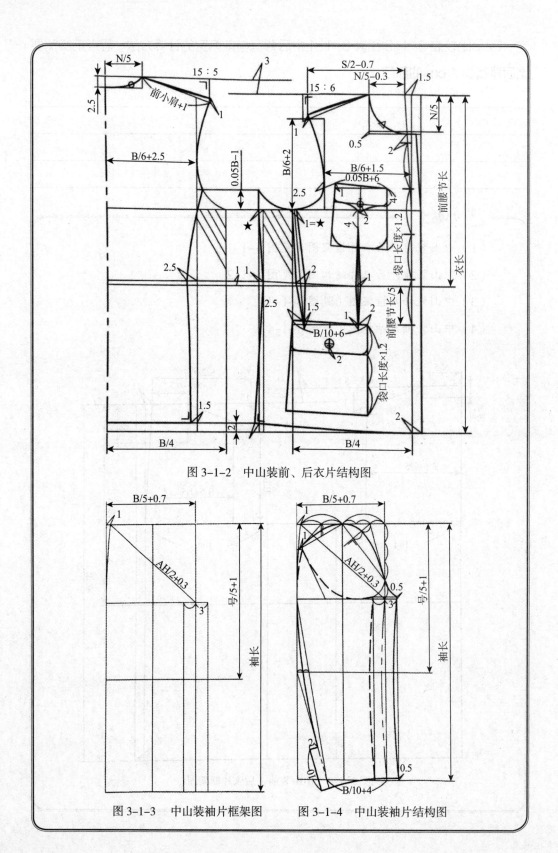

图 3-1-2 中山装前、后衣片结构图

图 3-1-3 中山装袖片框架图 图 3-1-4 中山装袖片结构图

（5）中山装领子框架图（见图3-1-5）。

（6）中山装领子结构图（见图3-1-6）。

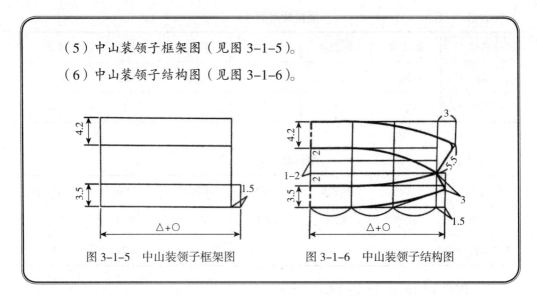

图 3-1-5　中山装领子框架图　　　　图 3-1-6　中山装领子结构图

引导问题

（1）当中山装穿着者体型较小时，应如何在制图过程中调整大袋位、小袋位、纽扣位？

_____

_____

_____

_____

（2）当衣长较短时，应如何调整中山装大贴袋的规格和位置？

_____

_____

_____

_____

（2）所需面辅料种类和件数的确认。

1）面料（见表3-1-6和表3-1-7）。

表 3-1-6 面料裁片表（一）

名称	前衣片	后衣片	大袖片	小袖片	领面	领底
纱向	直纱	直纱	直纱	直纱	横纱	横纱
件数	2	1	2	2	1	1

表 3-1-7 面料裁片表（二）

名称	大袋盖	大袋面	小袋盖	小袋面	过面	里袋牙子
纱向	横纱	直纱	横纱	直纱	直纱	直纱
件数	2	2	2	2	2	4

2）里料（见表 3-1-8 和表 3-1-9）。

表 3-1-8 里料裁片表（一）

名称	前衣里	后衣里	大袖里	小袖里	翻领里	底领里
纱向	直纱	直纱	直纱	直纱	横纱	横纱
件数	2	2	2	2	1	1

表 3-1-9 里料裁片表（二）

名称	小袋盖里	大袋盖里	里袋垫里	里袋吊襻	大身吊襻
纱向	横纱	横纱	横、直纱	直纱	直纱
件数	2	2	2	2	1

3）衬料（见表 3-1-10 和表 3-1-11）。

表 3-1-10 衬料裁片表（一）

名称	有纺衬	麻衬	毛衬	肩头衬	翻领衬	底领衬	吃势条
纱向	横纱	横纱	横纱	斜纱	横纱	直纱	斜纱
件数	2	2	2	2	2	2	2

表 3-1-11 　　　　　　　　　衬料裁片表（二）

名称	袋布	袋口衬	袖山衬	袖窿衬	袖口衬	垫肩	袖棉条
纱向	直纱	横纱	斜纱	直纱	直纱	方形	斜纱
件数	4	2	2	2	2	1付	1付

4）零辅料（见表 3-1-12）。

表 3-1-12 　　　　　　　　　零辅料裁片表

名称	规格与要求	单位用料
领钩，襻	成品	1对
纽扣	颜色同衣身面料，大扣直径 2 cm，小扣直径 1 cm	大扣 7 个，小扣 10 个
嵌条	宽 1~1.5 cm 的条，斜丝	若干米
缝纫线	颜色同衣身面料，衣线	若干米
锁钉线	颜色同衣身面料，丝线	若干根

 讨论

在中山装大贴袋、小贴袋制图过程中，袋口的斜度应如何控制？有条格的面料应如何对格？

_____

_____

_____

　　　 引导问题

中山装袖窿弧线与袖山弧线长度应如何匹配？需要考虑面料因素吗？为什么？

_____

_____

_____

（3）中山装生产工艺单。

中山装生产工艺单见表 3-1-13。

表 3-1-13　　　　　　　　中山装生产工艺单

款式名称	中山装					

款式图与款式说明

款式说明：

1. 关门领，领子分为上领和底领

2. 左右对称的大、小贴袋各两个，小袋为尖角袋盖，袋盖上开纽眼

3. 领子、口袋的止口均压单止口

4. 前门襟开纽眼五个

5. 圆装袖、袖衩钉三粒纽扣

封样意见：

部位（cm）	S	M	L	档差	公差	
	165/84A	170/88A	175/92A			
衣长	73	75	77	2	±1	
背长	41.5	42.5	43.5	1	±0.5	
胸围	104	108	112	4	±2	
肩宽	45	46	47	1	±0.5	
领围	40	41	42	1	±0.3	
袖长	58.5	60	61.5	1.5	±0.5	
袖口	14.5	15	15.5	0.5	—	

制版工艺要求	1. 制版要充分考虑款式特征、面料特性和工艺要求 2. 样板结构合理，尺寸符合规格要求，对合部位长短一致 3. 结构图干净整洁，标注清晰规范 4. 辅助线、轮廓线清晰，线条平滑、圆顺、流畅 5. 样板类型齐全，数量准确，标注规范 6. 省、褶、剪口、钻孔等位置正确，标记齐全，缝份、折边量符合要求 7. 样板轮廓光滑、顺畅，无毛刺 8. 结构图与样板校验无误

续表

推版工艺要求	1. 确保基准码准确无误，依据具体款式特点和测量要求，科学设定放码基准点、基准线和放码点 2. 样板推放前要合理分配各部位的档差数值，确定各放码点的推版方向和放码量，严格按照标准数据进行推放，确保推出的样板与基础样板的版型一致 3. 制作客户订单时，严格按照客户订单上的数据制版和推版，切不可随意改动数据。如果数据确实需要修正，一定要事先征得客户的同意 4. 妥善处理保"量"与保"型"的关系
算料要求	1. 充分考虑款式的特点、服装的规格、色号的配比、具体的工艺要求和裁剪损耗，结合具体的布料幅宽和特性进行算料 2. 把握"宁略多，勿偏少"的原则
排料要求	1. 合理、灵活应用"先大后小，紧密套排，缺口合并，大小搭配"的排料原则 2. 确保部件齐全，排列紧凑，套排合理，丝缕正确，拼接适当，减少空隙，两端齐口，既要符合质量要求，又要节约原料 3. 合理解决倒顺毛、倒顺光、倒顺花、色差等面料问题，并使之符合对条、对格、对花等要求
制作工艺要求	1. 采用 12 号机针缝制，线迹密度为 15~18 针 /3 cm，线迹松紧适度 2. 尺寸规格达到要求，衣长、腰围误差小于 1 cm，臀围误差小于 2 cm 3. 开衩门里襟长短一致，平挺、顺直，不豁不搅，衩长短互差小于 0.2 cm 4. 面、里松紧适宜，不起吊 5. 熨烫平服，无烫焦、烫黄现象 6. 产品整洁、美观，无污渍、水花、线头
制作流程	核对裁片→打线丁，粘衬→缉面、里省缝→烫省缝，归拔前、后衣片→缝制大、小贴袋和袋盖→敷衬→做里袋，缉过面→敷过面，翻止口→缝缉、熨烫侧缝→缉缝后背里→缉缝下摆里→核实袖窿、肩缝里→合肩缝面、里→熨烫肩缝、肩里→固定前衣片、领圈→制作领子→组装衣身与领子→制作袖子→绱袖子→锁眼→钉扣→检验
备注	

2. 技能训练

 实践

请同学们分析变化款中山装的款式（见图 3-1-7），此款中山装在常见中山装的基础上，将左、右前衣片上的四个口袋改为有袋盖的开袋，袖口取消开衩，其余部分不变。请同学们尝试制作该款中山装的生产任务书和生产工艺单。

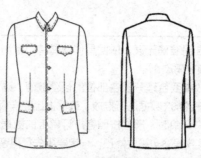

图 3-1-7　变化款中山装

 引导问题

（1）有些中山装面料裁片是直纱，有些是横纱，这两者之间的区别是什么？

_____

_____

（2）中山装一般采用毛料或毛涤料制作，成品的洗涤和护理通常采用干洗的方式。在设计基础样板时，需要考虑哪些方面的缩率？缩率应如何加放？为什么？

_____

_____

3. 学习检验

（1）请同学们在教师的指导下，参照世界技能大赛评分标准，完成中山装工艺文件的识读检验，并独立填写中山装工艺文件的识读评分表（见表 3-1-14）。

表 3-1-14　中山装工艺文件的识读评分表（参照世界技能大赛评分标准）

序号	分值	评分内容	评分标准	得分
1	30	款式特点的分析 基本结构样板的确认	完成得分，未完成不得分	
2	30	所需面辅料种类的确认 所需面辅料件数的确认	完成得分，未完成不得分	
3	30	生产工艺单的识读	完成得分，未完成不得分	
4	10	工作结束后，工作区要整理干净，物品摆放整齐，关闭电源	有一项不到位扣5分，扣完为止	
合计得分				

（2）请同学们以小组为单位，集中填写设备使用记录表（见表3-1-15）。

表3-1-15　　　　　　　　　设备使用记录表

使用设备名称	是否正常使用	
	是	否，是如何处理的
裁剪设备		
缝制设备		
整烫设备		

引导评价、更正与完善

在教师讲评引导的基础上，对本阶段的学习活动成果进行自我评价和小组评价（100分制），然后根据评价结果用红笔对本阶段引导问题的回答进行更正和完善。

项目	类别	分数	项目	类别	分数
个人自评分	关键能力		小组评分	关键能力	
	专业能力			专业能力	

（四）成果展示与评价反馈

1. 知识学习

任务完成后，需要对任务成果进行展示和评价，并对评价做出相应反馈。

（1）展示的基本方法：平面展示法、人台展示法和其他展示法。

平面展示法是将成品平铺在工作台上进行展示的方法。

人台展示法是将成品穿在人台上进行展示的方法。

其他展示法主要包括真人穿着展示和衣架悬挂展示等。

（2）评价的基本方法：观察法、比对法等。

观察法是指通过肉眼观察判断成品品质的一种评价方法。

比对法是指将成品与同学们的成品进行比对，检测成品是否一致的一种评价方法。

2. 技能训练

 实践

将任务成果贴在黑板或白板上进行悬挂展示。

3. 学习检验

 引导问题

（1）在教师的指导下，小组内进行作品展示，然后经由小组讨论，推选出一组最佳作品，进行全班展示与评价，并由组长简要介绍推选的理由，小组其他成员做补充并记录。

小组最佳作品制作人：＿＿＿＿＿＿＿＿

推选理由：＿＿＿＿＿＿＿＿＿＿＿＿＿＿＿＿＿＿＿＿＿＿＿＿＿＿＿

其他小组评价意见：＿＿＿＿＿＿＿＿＿＿＿＿＿＿＿＿＿＿＿＿＿

教师评价意见：＿＿＿＿＿＿＿＿＿＿＿＿＿＿＿＿＿＿＿＿＿＿＿＿

（2）将本次学习活动中出现的问题及其产生的原因和解决的办法填写在问题分析及解决表（见表3-1-16）中。

表3-1-16　　　　　　　　　问题分析及解决表

出现的问题	产生的原因	解决的办法
1.		
2.		
3.		
4.		

自我评价

就本次学习活动中自己最满意的地方和最不满意的地方各列举一点，并简要说明原因，然后完成学习活动考核评价表（见表3-1-17）的填写。

最满意的地方：＿＿＿＿＿＿＿＿＿＿＿＿＿＿＿＿＿＿＿＿＿＿＿＿

＿＿＿＿＿＿＿＿＿＿＿＿＿＿＿＿＿＿＿＿＿＿＿＿＿＿＿＿＿＿＿＿＿

最不满意的地方：＿＿＿＿＿＿＿＿＿＿＿＿＿＿＿＿＿＿＿＿＿＿＿

＿＿＿＿＿＿＿＿＿＿＿＿＿＿＿＿＿＿＿＿＿＿＿＿＿＿＿＿＿＿＿＿＿

表 3-1-17 　　　　　　　学习活动考核评价表

学习活动名称：中山装制作工艺文件识读

班级：　　　学号：　　　　　姓名：　　　　指导教师：

评价项目	评价标准	评价依据	评价方式及权重			权重	得分小计	总分
			自我评价	小组评价	教师（企业）评价			
			10%	20%	70%			
关键能力	1. 能穿戴劳保服装，执行安全操作规程 2. 能参与小组讨论，制订计划，相互交流与评价 3. 能积极参与学习活动 4. 能清晰、准确表达，与相关人员进行有效沟通 5. 能清扫场地，清理机台，归置物品，填写设备使用记录表	1. 课堂表现 2. 工作页填写				40%		
专业能力	1. 能区分不同的口袋类型 2. 能识读中山装生产工艺单，明确工艺要求，叙述其制作流程 3. 能按照企业标准或世界技能大赛评分标准对中山装工艺文件的识读结果进行检验，并进行展示	1. 课堂表现 2. 工作页填写 3. 提交的成品质量				60%		
指导教师综合评价	指导教师签名：　　　　　　　　　　　　日期：							

三、学习拓展

说明：本阶段学习拓展建议课时为 4~6 课时，要求学生在课后独立完成。教师可根据本校的教学需要和学生的实际情况，选择部分或全部进行实践，也可另行选择相关拓展内容。

📖 **拓展**

请同学们在教师指导下，通过小组讨论交流，完成如图 3-1-8 所示的立领款中山装的生产任务书和生产工艺单的制作。此款中山装领型为立领，无翻领，左前衣片有手巾袋一个，左、右前衣片腰节下各装袋盖大袋一个，袋盖上无纽眼，其他均与常见中山装款式相同。

图 3-1-8　立领款中山装

🔍 **查询与收集**

请同学们通过查阅相关学材或企业生产工艺单，选择 1~2 个中山装的生产工艺单，摘录其工艺要求和制作流程。

学习活动 2
中山装制作前期准备

🎯 学习目标

1. 能严格遵守工作制度，服从工作安排，按要求准备好中山装制作前期准备所需的工具、设备、材料与各项工艺文件。

2. 能查阅相关技术资料，制订中山装制作的计划，并在教师的指导下，通过小组讨论做出决策。

3. 能依据工艺文件要求，结合中山装制作规范，独立完成中山装制作前期准备工作。

4. 能按照企业标准（或参照世界技能大赛评分标准）对中山装制作前期准备工作进行检验，并依据检验结果修正相关问题。

5. 能记录中山装制作前期准备工作过程中的疑难点，在教师的指导下，通过小组讨论、合作探究或独立思考的方式提出妥善的问题解决办法，并在实践中解决问题。

6. 能展示、评价中山装制作前期准备各阶段的成果，并根据评价结果，做出相应反馈。

一、学习准备

1. 准备服装制作学习工作室中的缝制设备与工具、整烫设备与工具。

2. 准备劳保服装、安全操作规程、生产工艺单、中山装缝制工艺相关学材。

3. 划分学习小组（每组5~6人），将分组信息填写在小组编号表（见表3-2-1）中。

表 3-2-1 　　　　　　　　　　小组编号表

组号	组内成员及编号	组长姓名	组长编号	本人姓名	本人编号

 提示

　　请同学们自己检查一下，劳保服装有没有穿戴好？手机是否已经放入手机袋？请仔细阅读安全操作规程，将其要点摘录下来。

二、学习过程

（一）明确工作任务，获取相关信息

1. 知识学习

ⓘ 引导问题

请同学们想一想，我们日常穿着的服装通常是由哪些面料制作而成的？

_____

_____

📋 小贴士

　　优质、高档的面料大都具有穿着舒适、吸汗透气、悬垂挺括、手感柔滑等特点。正式社交场合所穿着的服装宜选用纯棉、纯毛、纯丝、纯麻等面料制作，用这四种天然面料制成的服装往往穿着舒适，大方美观。

 讨论

　　请同学们想一想，服装穿着的不同场合会对服装面料有什么不同的要求？请进行小组讨论，并简述讨论结果。

_____

_____

_____

ℹ️ **引导问题**

请同学们在服装常用面料识别表（见表3-2-2）中面料图片的下方填写对应的面料名称。

表 3-2-2 　　　　　　　　　服装常用面料识别表

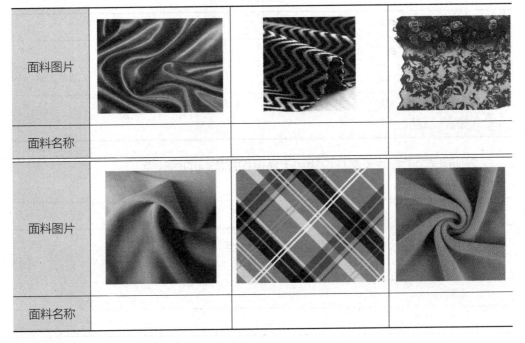

面料图片			
面料名称			
面料图片			
面料名称			

📒 **小贴士**

　　棉布是各类棉纺织品的总称，它多用来制作时装、内衣等。棉布的优点是轻便保暖，柔和贴身，吸湿性、透气性好，缺点则是易缩、易皱，外观上不够挺括美观，穿着棉布制成的服装时需经常熨烫。

　　麻布是由大麻、亚麻、苎麻、蕉麻等各种麻类植物纤维制成的天然布料，一般用于制作休闲装、工作装。麻布的优点是强度高，吸湿性、导热性、透气性好，缺点则是穿着不太舒适，外观较为粗糙、生硬。

　　呢绒又称毛料，是对用各类羊毛、羊绒织成的织物的泛称。呢绒常用于制作礼服、西装、大衣等正式、高档的服装。呢绒的优点是防皱耐磨，手感柔软，富有弹性，保暖性强。

2. 学习检验

 引导问题

（1）在教师的引导下，独立填写学习活动简要归纳表（见表 3-2-3）。

表 3-2-3　　　　　　　学习活动简要归纳表

本次学习活动的名称	
本次学习活动的主要目标	
本次学习活动的内容	
本次学习活动中实现难度较大的地方	

（2）请同学们叙述天然棉织物和天然麻织物面料的优缺点。

（3）请同学们分析丝绸和呢绒面料的优缺点。

讨论

在教师的指导下，请同学们分析讨论各类面料适用的季节。

查询与收集

通过网络浏览或资料查阅，分析常见的服装面料分别适宜制作的服装类型，并把收集的资料摘抄下来。

> 📖 **小贴士**
>
> 服装面料的选择与搭配对服装成品的质感起决定性作用。样衣师选择面料时，往往会从下列三个方面进行分析。
>
> （1）质地。
>
> 质地柔软的面料能表现出轻松、飘逸的感觉，而质地柔软且较厚的面料能表现出柔美、丰满的效果。经纬向密度较大的面料通常显得硬挺、呆板，密度较小的面料则显得松散、简洁。薄的丝绸面料可表现出轻薄、华美、飘逸的效果，较厚的绸缎则可表现出雍容、典雅的效果。纱支数低且较粗的面料可用于制作制服裙，纱支数高且较细的面料则多用于制作夏季服装。样衣师应根据服装设计的质地效果合理选择面料。
>
> （2）颜色、花形。
>
> 根据市场现有的面料，样衣师应当选择与服装设计款式颜色、花形相符的面料。
>
> （3）价格。
>
> 面料的价格决定服装的成本，并最终影响服装的销售价格与利润。因此，样衣师应当根据销售目标群体的特点选择合适的面料，控制服装的成本。

✓ 引导评价、更正与完善

在教师讲评引导的基础上，对本阶段的学习活动成果进行自我评价和小组评价（100 分制），然后根据评价结果用红笔对本阶段引导问题的回答进行更正和完善。

项目	类别	分数	项目	类别	分数
个人自评分	关键能力		小组评分	关键能力	
	专业能力			专业能力	

（二）制订中山装制作前期准备工作的计划并决策

1. 知识学习

学习制订计划的基本方法、内容和注意事项，重点围绕学习活动展开。

制订计划的参考意见：整个工作的内容和目标是什么？整个工作分几步实施？

过程中要注意哪些问题？小组成员之间应如何配合？出现问题应如何处理？

_____

_____

2. 学习检验

 引导问题

（1）请简要写出你所在小组的工作计划。

_____

_____

（2）你在制订计划的过程中承担了哪些工作？有什么体会？

_____

_____

（3）教师对小组的计划给出了哪些修改建议？为什么？

_____

_____

（4）你认为计划中哪些地方比较难实施？为什么？你有什么想法？

_____

_____

（5）小组最终做出了什么决定？决定是如何做出的？

_____

_____

_____

引导评价、更正与完善

在教师讲评引导的基础上，对本阶段的学习活动成果进行自我评价和小组评价（100分制），然后根据评价结果用红笔对本阶段引导问题的回答进行更正和完善。

项目	类别	分数	项目	类别	分数
个人自评分	关键能力		小组评分	关键能力	
	专业能力			专业能力	

（三）中山装制作前期准备的实施

1. 知识学习

（1）丝织、毛织及混纺面料的认知。

1）丝织面料。

①丝织面料特性。丝织面料是指以蚕丝为原料制成的面料，包括柞蚕丝面料与桑蚕丝面料两种。柞蚕丝面料色泽暗淡，外观比较粗糙，手感柔软但不滑爽，而桑蚕丝较细腻光滑。丝织面料有着良好的触感，吸湿透气，轻盈柔软，弹性好，特别适合制作贴身服装，尤其适合儿童娇嫩的皮肤。但是丝织面料容易起皱，耐光性较差。

②丝织面料分类。丝织面料的分类以面料的组织结构为主要依据，以面料的制造工艺如生织、熟织、加捻等为次要依据。丝织面料可分为如下九类。

纺类：纺类面料是指平纹组织构成的平正、紧密而又比较轻薄的花、素、条格面料，纺类面料的经纬一般不加捻，如电力纺、彩条纺等。

绉类：绉类面料是指运用工艺、组织结构的作用（如利用张力强弱或原料强缩的特性等），使织物外观产生近似绉缩效果的面料，如乔其绉、双绉等。

绸类：绸类面料是指地纹采用平纹或各种变化组织，或同时混用其他组织所制成的面料，如织绣绸等。

缎类：缎类面料是指地纹的全部或大部分采用缎纹组织的花、素面料，缎类面料表面平滑光亮、手感柔软，如花软缎、人丝缎等。

绢类：绢类面料是指由平纹或重平组织构成，经纬纱线先练白，染单色或复色的花、素面料，质地较轻薄，绸面细密、平整、挺括，如塔夫绸等。

绫类：绫类面料是指各种斜纹组织构成的花、素面料，绫类面料表面具有清晰的斜纹纹路，如斜纹绸、美丽绸等。

呢类：呢类面料是指由绉组织或短浮纹组织构成的面料，不显露光泽，质地比较丰满、厚实，有毛型感，如素花呢等。

绒类：绒类面料是指地纹和花纹的全部或局部采用起毛组织，表面有毛绒或毛圈的花、素面料，如乔其绒、天鹅绒等。

锦类：锦类面料是指外观瑰丽多彩，花纹精致高雅的提花丝织面料，如织锦缎、古香缎等。

引导问题

在日常生活中，哪些服装适合选用丝织面料制作？

> 💡 **小贴士**
>
> 丝织服装的养护有以下六项要点。
>
> （1）深色的丝织服装应与浅色的丝织服装分开洗涤。
>
> （2）汗湿的丝织服装应立刻洗涤或用清水浸泡，切忌用30 ℃以上的热水洗涤。
>
> （3）洗涤丝织服装时，要用酸性洗涤剂或中性洗涤剂，最好用丝绸专用洗涤剂。
>
> （4）洗涤丝织服装时最好用手洗，切忌用力拧搓或用硬刷刷洗，应在用手轻揉后用清水涤净，用手或毛巾轻轻挤出水分，在背阴处晾干。
>
> （5）丝织服装应在八成干时熨烫，且不宜直接喷水，应熨烫服装反面，并将温度控制在100~180 ℃。
>
> （6）收藏丝织服装时，应将其洗净、晾干，用布包好，叠放在柜中，且不宜同时放入樟脑或卫生球等。

2）毛织面料。

①毛织面料特性。毛织面料具有良好的弹性，能保持平整挺括的外观，且具有缩绒性能，面料厚实，手感和保暖性能好，适于制作冬季服装。羊毛面料是毛织面料的代表之一，由于羊毛的吸湿性能好，密度较小，且易于染色，羊毛制成的服装通常穿着轻便，色泽鲜艳牢固。羊毛属于蛋白质纤维，在使用与保管中要注意防潮、防虫蛀。

②毛织面料分类。按原料分，毛织面料可分为纯毛织物、混纺或交织毛织物、纯化纤仿毛织物等。按纺织工艺过程和面料的外观特征分，毛织面料可分为精纺毛织面料、粗纺毛织面料等。

精纺毛织面料用精梳毛纱织成，纱线内部纤维排列整齐，结构紧密，外露毛羽少而短，因此表面光洁。其纱的强度高、捻度大，所用羊毛原料较好，因此具有较好的外观性能。精纺毛织面料是毛织面料中档次较高的类型，大多用于制作春秋季服装。

粗纺毛织面料的纱线内部纤维排列没有精纺毛织面料整齐，各种品质的羊毛均有使用。粗纺毛织面料经过了缩绒处理，大部分粗纺毛织面料结构蓬松，外观绒毛不露底，织纹比较模糊，呢面丰满，手感厚实，富有弹性，光泽自然柔和，以素色为主，大多用于制作冬季服装。

 引导问题

请同学们判断毛织面料识别表（见表 3-2-4）中的面料图片是精纺毛织物还是粗纺毛织物，并将面料名称写在对应的栏内。

表 3-2-4　　　　　　　　　　毛织面料识别表

面料图片			
面料名称			

3）混纺面料。

①混纺面料特性。混纺面料即混纺化纤面料，是由化学纤维与棉、毛、丝、麻等天然纤维混合纺纱织成的面料，如涤棉混纺面料、涤毛华达呢等。它既有化学纤维的特性，又有天然纤维的特性。

例如，涤棉混纺面料是以涤纶为主要成分，采用 65%~67% 涤纶和 33%~35% 棉混纱线织成的面料。涤棉混纺面料在干、湿情况下弹性和耐磨性都较好，尺寸稳定，缩水率小，具有挺拔、不易产生褶皱、易洗、快干的特点，但不能用高温熨烫和沸水浸泡。

②混纺面料分类。混纺面料包括毛粘混纺面料、羊兔毛混纺面料、TR 面料、高密布、防水摩丝布、天丝面料、复合面料等。其中，毛粘混纺面料混纺的目的是在降低面料成本的同时，不使面料的特性因黏胶纤维的混入而降低。黏胶纤维的混入可能会使面料的强力、耐磨性、抗皱性、蓬松性等多项性能明显变差，因此混纺

精纺毛面料的黏胶纤维含量不宜超过 30%，混纺粗纺毛面料黏胶纤维含量不宜超过 50%。

此外，羊兔毛混纺面料是开发较快的一种混纺面料。混纺不但可提高兔毛的可纺性，而且可改善面料的美观性，增加面料的花色品种。兔毛可使混纺面料的手感比纯羊毛面料更柔软，并使面料外观产生光泽，还可利用羊毛、兔毛不同的着色度染出双色面料。兔毛轻，强力低，抱合差，纺纱困难，因此羊兔毛混纺面料的兔毛含量只可在 20% 左右，且需用高品级的羊毛与兔毛混纺。羊兔毛混纺面料常用于高档大衣呢、花呢或细绒线针织物的制作。

> **📋 小贴士**
>
> 近几年，混纺面料的多样性逐渐加强，出现了各类新式混纺面料，如天然彩棉与麻或羊毛的混纺，竹纤维与棉的混纺等，赋予了服装更多样的外观和更高的品质。

（2）中山装面辅料的选配要求。

1）礼服用中山装的面料选择。

不同场合穿着的中山装对于面料的选择要求有所不同。礼服用中山装的面料宜选择纯毛华达呢、驼丝锦、麦尔登、海军呢等，这些面料的特点是质地厚实、手感丰满、呢面平滑、光泽柔和，与礼服中山装的款式相得益彰，使服装显得沉稳庄重。这几种面料的特性如下所示。

①纯毛华达呢。纯毛华达呢纱支细，呢面平整光洁，手感滑润，丰厚而有弹性，纹路挺直饱满，宜用于制作西服、中山装、女上装等。其缺点是经常摩擦的膝盖、后臀等部位易起极光，如图 3-2-1 所示。

②驼丝锦。驼丝锦是细致紧密的中厚型素色毛面料，宜用于制作礼服、上装、套装、猎装等，如图 3-2-2 所示。

图 3-2-1　纯毛华达呢　　　　　　图 3-2-2　驼丝锦

③麦尔登。麦尔登是用进口羊毛或国产一级羊毛，混以少量精纺短毛织成的面料。麦尔登通常呢面丰满，细洁平整，身骨紧密而挺实，富有弹性，不起球，如图 3-2-3 所示。

④海军呢。海军呢是用一级、二级国产羊毛和少量精纺短毛织成的面料。海军呢通常呢面细整柔软，手感挺实有弹性，但少量海军呢有起毛现象，如图 3-2-4 所示。

图 3-2-3　麦尔登　　　　　　　图 3-2-4　海军呢

2）便服用中山装的面料选择。

便服用中山装的面料选择相对灵活，可选择棉布卡其、华达呢、化纤面料及混纺面料等，如图 3-2-5 所示。其中，棉布卡其和化纤面料的特性如下所示。

图 3-2-5　便服用中山装

①棉布卡其。棉布卡其是一种主要由棉、毛、化学纤维混纺而成的面料。棉布卡其通常为浅色，布料以棉为主，如图 3-2-6 所示。

②化纤面料。化纤即为化学纤维，是用天然的或人工合成的高分子物质作为原料，经过化学或物理方法加工制成的纤维的统称。

图 3-2-6　棉布卡其

 引导问题

（1）在教师的指导下，分析不同面料制成的中山装有什么不同的特点。

_____

_____

_____

（2）在教师的指导下，说出不同面料小样的名称。

_____

_____

_____

3）中山装的辅料选择。

①里料。里料是用于服装夹里的材料，通常用棉织物、再生纤维织物、合成纤维织物、涤棉混纺织物、丝织物及人造丝织物制作而成。里料的主要测试指标为缩水率与色牢度，当前，较为常用的里料是以化纤为主要材料的美丽绸。

选择里料时应注意以下三点。

第一，里料的性能应与面料的性能相适应，包括缩水率、耐热性、耐洗涤性、强力及厚度等方面，例如，含绒类填充材料的服装里料应选用细密或有涂层的织物以防脱绒。

第二，里料的颜色应与面料一致。一般情况下，里料的颜色不应深于面料。

第三，里料应光滑、耐用，防起毛、起球，并有良好的色牢度。

②衬料。选择衬料时应注意以下四点。

第一，衬料应与面料的性能相匹配，包括颜色、厚度、悬垂度等方面。例如，法兰绒等厚重面料应使用厚衬料，而丝织物等薄面料则应使用轻柔的丝绸衬，针织面料应使用有弹性的针织衬布。浅色面料的垫料色泽不宜深，涤纶面料不宜用棉类衬。

第二，衬料应与服装不同部位的功能相匹配。硬挺的衬料多用于领部与腰部等部位，外衣的胸衬则常使用较厚的衬料，手感较挺的衬料一般用于裙裤的腰部及服装的袖口。

第三，衬料应与服装的使用寿命相匹配。需常水洗的服装应选择耐水洗的衬料，并需考虑衬料洗涤与熨烫的尺寸稳定性。

第四，衬料应与服装生产的设备相匹配。专业和配套的加工设备能充分发挥衬料辅助造型的功能。因此，结合加工设备的工作参数，有针对性地选择衬料，能起到事半功倍的作用。

③线类材料。线类材料主要是指缝纫线等材料。线类材料在服装中起到缝合衣片、连接部件的作用，也可以起到一定的装饰美化作用。无论明线还是暗线，都是服装整体风格的组成部分。工艺装饰线也是线类材料的重要组成部分。按照工艺的不同，工艺装饰线可大致分为绣花线、编结线和镶嵌线三类。工艺装饰线常用于服装、床上用品、家具织物、室内织物等的制作。最常用的缝纫线是涤纶线，最常用的绣花线是人造丝与真丝线。

选择线类材料时应注意以下四点。

第一，线类材料的色泽应与面料一致，除装饰线外，应尽量选用相近色，且其色泽宜深不宜浅。

第二，线类材料的缩水率应与面料一致，以免服装经过洗涤后因线类材料缩水而起皱。高弹性及针织类面料应使用弹力线。

第三，线类材料的粗细应与面料厚度、风格相匹配。

第四，线类材料应与面料特性接近，线的色牢度、弹性、耐热性要与面料相匹配，尤其是成衣染色产品，缝纫线必须与面料纤维成分相同（有特殊要求者除外）。

④带类材料。带类材料主要由装饰性带类材料、实用性带类材料、产业性带类材料和护身性带类材料组成。装饰性带类材料又可分为松紧带、罗纹带、帽墙带、人造丝饰带、彩带、绲边带和门襟带等，实用性带类材料由锦纶搭扣带、裤带、背包带、水壶带等组成，产业性带类材料由消防带、交电带和汽车密封带等组成，护身性带类材料主要指束发圈、护肩、护腰、护膝等。

引导问题

（1）在教师指导下，分析中山装所用的里料、衬料应如何选择。

_____

_____

_____

（2）在教师的指导下，分析应如何根据面料选择合适的缝纫线。

_____

_____

_____

📑 **小贴士**

衬布主要用于服装衣领、袖口、袋口、裙裤腰、衣边等部位，一般含有热熔胶涂层，也被称为黏合衬。根据底布的不同，衬布可分为有纺衬与无纺衬两种。有纺衬底布是梭织布或针织布，无纺衬底布则由化学纤维压制而成。衬布的品质直接关系到服装成品质量的优劣，因此，选择衬布时，不仅要对衬布外观有要求，还要考察衬布性能是否与服装性能要求相吻合。对衬布性能的考察应包括下列几项：衬布的热缩率要尽量与面料的热缩率一致；衬布要有良好的可缝性和裁剪性；衬布要能在较低温度下与面料保持牢固的黏合；衬布要避免在高温压烫后，从面料正面渗胶；衬布要附着牢固、持久，抗老化，抗洗涤。

（3）中山装面料、里料、衬料的使用量计算方法。

1）面料的使用量计算方法。

中山装的样板有净样板和毛样板之分。如果使用净样板，对面料使用量的估算则应在净样板的基础上加放缩量、缝份和贴边；如果使用毛样板，对面料使用量的估算则应在毛样板的基础上加放缩量。在实际工作中，应根据制作工艺要求，本着节约的原则计算实际的面料使用量。

假设面料的幅宽为 150 cm，胸围在 120 cm 以内，面料使用量为 1 个衣长 + 袖长 +16 cm（缩水量、缝份、贴边）；若胸围超过 120 cm，面料使用量为 2 个衣长，或根据具体排料而定。

 引导问题

当选择有倒顺光的面料制作中山装时，应如何计算面料使用量？

_____

_____

2）里料的使用量计算方法。

常用的里料有电力纺、塔夫绸、美丽绸、尼龙绸等，常见里料的幅宽有 90 cm、110 cm 和 150 cm 三种。里料的使用量一般依据面料使用量的计算方法来计算，同时以实际排料为准。三种幅宽的里料使用量的计算方法如下所示。

幅宽 90 cm 的里料使用量：2 衣长 +2 袖长 + 10 cm。

幅宽 110 cm 的里料使用量：2 衣长 +1 袖长 + 10 cm。

幅宽 150 cm 的里料使用量：1 衣长 +1 袖长 + 10 cm。

 引导问题

当中山装里料有一定的缩水率时，应如何计算里料使用量？

_____

_____

3）衬料的使用量计算方法。

麻衬：衣长 +5 cm（缝份与缩量）。

毛衬：腰节长，一般为 39 cm。

胸绒：腰节长，一般为 39 cm。

有纺衬：衣长 +5 cm（缝份与缩量）。

无纺衬：40 cm（用于领面、袋盖、里袋、袖口等部位）。

肩头衬：40 cm。

领衬：20 cm。

袋布：一般为 25 cm。

4）零辅料的数量要求。

垫肩成品 1 副，袖棉条 1 副，直丝嵌条 200 cm，斜丝嵌条 120 cm，大纽扣 7 个，小纽扣 10 个，领钩 1 副，缝纫线 2 只。

224 · 传统中式服装制作

 引导问题

（1）麻衬、毛衬、有纺衬在服装中各起什么作用？

_____

_____

（2）不同款式和不同面料服装的内衬应如何选择？

_____

_____

（4）中山装样板的核对。

1）中山装毛样板的核对。

①缝份要求：由于中山装的制图为净样制图，因此要在净样板基础上加放缝份和贴边。一般情况下，领口、袖窿、袖山的缝份均为 0.8 cm，下摆和袖口贴边为 4 cm，其他缝份均为 1 cm，如图 3-2-7 和图 3-2-8 所示。面料在实际缝制过程中存在一定的收缩，因此在制版时要在长度和围度上加放适当的余量，以保证成衣的尺寸在公差范围之内。根据面料的缩率不同，不同部位加放的余量也不同，一般毛呢服装衣长加放 1~2 cm，袖长加放 0.5~1 cm，胸围加放 1~2 cm。

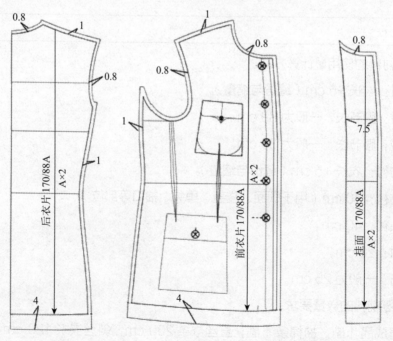

图 3-2-7　前衣片、后衣片、挂面毛样板

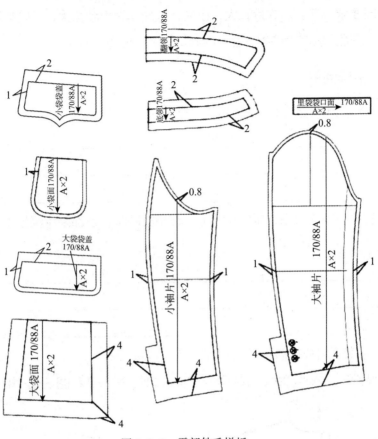

图 3-2-8 零部件毛样板

ⓘ 引导问题

（1）为什么领口、袖窿、袖山缝份是 0.8 cm，而不是 1 cm？

_____

_____

_____

（2）下摆贴边为什么要加放 4 cm？

_____

_____

_____

（3）缝制时，前衣片的收缩产生的原因是什么？

_____

_____

②纱向要求：前、后衣片，大、小袖，过面均为直纱；大、小贴袋和袋盖均与大身顺纱；领面、领底为纬纱；里料纱向均与面料相同。

ℹ️ **引导问题**

（1）顺纱的定义是什么？应如何操作？

_____

_____

（2）男衬衫领与中山装领结构相似，都是立翻领，且都采用经纱工艺，其原因是什么？

_____

_____

2）中山装里料样板的核对。

中山装前、后衣片和大、小袖里料的样板如图 3-2-9 和图 3-2-10 所示。

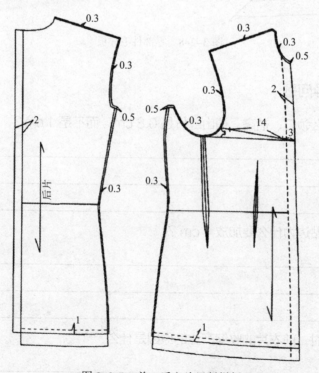

图 3-2-9　前、后衣片里料样板

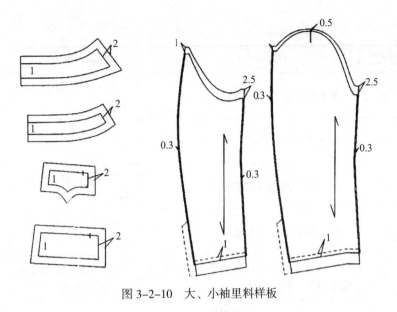

图 3-2-10　大、小袖里料样板

2. 技能训练

 实践

在教师的指导下，请同学们分组对中山装净样板进行放缝操作，并对纱向进行文字标注。

_____

_____

_____

_____

3. 学习检验

（1）请同学们在教师的指导下，参照世界技能大赛评分标准，完成下表中各种款式服装面辅料的选配，并独立填写面辅料选配评分表（见表 3-2-5）。

表 3-2-5　面辅料选配评分表（参照世界技能大赛评分标准）

序号	分值	评分内容	评分标准	得分
1	15	连衣裙面辅料的选配	有一处错误扣 5 分，扣完为止	
2	15	女式衬衫面辅料的选配	有一处错误扣 5 分，扣完为止	

续表

序号	分值	评分内容	评分标准	得分
3	15	男式衬衫面辅料的选配	有一处错误扣5分，扣完为止	
4	15	女式西服面辅料的选配	有一处错误扣5分，扣完为止	
5	15	男式西服面辅料的选配	有一处错误扣5分，扣完为止	
6	15	中山装面辅料的选配	有一处错误扣5分，扣完为止	
7	10	工作结束后，工作区整理干净，物品摆放整齐，关闭电源	有一处不到位扣5分，扣完为止	
合计得分				

（2）请同学们以小组为单位，集中填写设备使用记录表（见表3-2-6）。

表3-2-6　　　　　　　　设备使用记录表

使用设备名称		是否正常使用	
		是	否，是如何处理的
裁剪设备			
缝制设备			
整烫设备			

引导评价、更正与完善

在教师讲评引导的基础上，对本阶段的学习活动成果进行自我评价和小组评价（100分制），然后根据评价结果用红笔对本阶段引导问题的回答进行更正和完善。

项目	类别	分数	项目	类别	分数
个人自评分	关键能力		小组评分	关键能力	
	专业能力			专业能力	

（四）成果展示与评价反馈

1. 知识学习

任务完成后，需要对任务成果进行展示和评价，并对评价做出相应反馈。

（1）展示的基本方法：平面展示法、人台展示法和其他展示法。

平面展示法是将成品平铺在工作台上进行展示的方法。

人台展示法是将成品穿在人台上进行展示的方法。

其他展示法主要包括真人穿着展示和衣架悬挂展示等。

（2）评价的基本方法：观察法、比对法等。

观察法是指通过肉眼观察判断成品品质的一种评价方法。

比对法是指将成品与同学们的成品进行比对，检测成品是否一致的一种评价方法。

2. 技能训练

 实践

（1）将任务成果贴在黑板或白板上进行悬挂展示。

（2）依据表 3-2-5，对不同款式服装面辅料的选配是否合适进行自我评价和小组评价。

3. 学习检验

 引导问题

（1）在教师的指导下，小组内进行作品展示，然后经由小组讨论，推选出一组最佳作品，进行全班展示与评价，并由组长简要介绍推选的理由，小组其他成员做补充并记录。

小组最佳作品制作人：_____

推选理由：_____

其他小组评价意见：_____

教师评价意见：_____

（2）将本次学习活动中出现的问题及其产生的原因和解决的办法填写在问题分析及解决表（见表 3-2-7）中。

表 3-2-7   问题分析及解决表

出现的问题	产生的原因	解决的办法
1.		
2.		
3.		
4.		

自我评价

就本次学习活动中自己最满意的地方和最不满意的地方各列举一点，并简要说明原因。然后完成学习活动考核评价表（见表 3-2-8）的填写。

最满意的地方：_____

_____

最不满意的地方：_____

_____

表 3-2-8   学习活动考核评价表

学习活动名称：中山装制作前期准备

班级：   学号：   姓名：   指导教师：

评价项目	评价标准	评价依据	评价方式及权重			权重	得分小计	总分
			自我评价	小组评价	教师（企业）评价			
			10%	20%	70%			
关键能力	1. 能穿戴劳保服装，执行安全操作规程 2. 能参与小组讨论，制订计划，相互交流与评价 3. 能积极参与学习活动 4. 能清晰、准确表达，与相关人员进行有效沟通 5. 能清扫场地，清理机台，归置物品，填写设备使用记录表	1. 课堂表现 2. 工作页填写				40%		

续表

评价项目	评价标准	评价依据	评价方式及权重			权重	得分小计	总分
			自我评价	小组评价	教师（企业）评价			
			10%	20%	70%			
专业能力	1. 能区分不同的面料、辅料和衬料 2. 能叙述面料的分类、面辅料的选配方法，能根据不同的服装款式选配合适的面料、辅料和衬料 3. 能对中山装的样板进行核对检验 4. 能按照企业标准或世界技能大赛评分标准对面辅料的选配进行检验，并进行展示	1. 课堂表现 2. 工作页填写 3. 提交的成品质量				60%		
指导教师综合评价								
	指导教师签名：			日期：				

三、学习拓展

说明：本阶段学习拓展建议课时为 2~4 课时，要求学生在课后独立完成。教师可根据本校的教学需要和学生的实际情况，选择部分或全部进行实践，也可另行选择相关拓展内容。

拓展

作为传统礼服的一种，中山装逐渐受到了现代男性的青睐，国内很多男装品牌开始进行中山装的创新，许多男装品牌推出了立领男装系列。

立领作为中国服装文化的精髓之一，它平滑自然，开合有度，有着更为宽长的肩位，能够更充分打开胸廓，更加适合国人身材，请同学们通过查阅相关学材，分析改良中山装和立领男装的特点。

🔍 查询与收集

请同学们通过查阅相关学材，选择 2~3 个服装款式，为其选择合适的面料、辅料和衬料，并将其记录下来。

_____

_____

学习活动 3
中山装排料、裁剪

🎯 学习目标

1. 能严格遵守工作制度，服从工作安排，按要求准备好中山装排料、裁剪所需的工具、设备、材料与各项工艺文件。

2. 能正确识读中山装排料、裁剪的各项工艺文件，明确中山装排料、裁剪的流程、方法和注意事项。

3. 能查阅相关技术资料，制订中山装排料、裁剪的计划，并在教师的指导下，通过小组讨论做出决策。

4. 能依据工艺文件要求，结合中山装排料、裁剪规范，正确计算面料、里料和衬料的用料量，根据排料、裁剪的原则和方法，独立完成中山装排料、裁剪工作。

5. 能按照企业标准（或参照世界技能大赛评分标准）对中山装排料、裁剪工作进行检验，并依据检验结果修正相关问题。

6. 能记录中山装排料、裁剪工作过程中的疑难点，在教师的指导下，通过小组讨论、合作探究或独立思考的方式提出妥善的问题解决办法，并在实践中解决问题。

7. 能展示、评价中山装排料、裁剪各阶段的成果，并根据评价结果，做出相应反馈。

一、学习准备

1. 准备服装制作学习工作室中的排料设备与工具、裁剪设备与工具。

2. 准备劳保服装，安全操作规程，排料、裁剪相关学材。

3. 划分学习小组（每组5~6人），将分组信息填写在小组编号表（见表3-3-1）中。

表 3-3-1　　　　　　　　　　　小组编号表

组号	组内成员及编号	组长姓名	组长编号	本人姓名	本人编号

 提示

请同学们自己检查一下，劳保服装有没有穿戴好？手机是否已经放入手机袋？请仔细阅读安全操作规程，将其要点摘录下来。

_____

_____

二、学习过程

（一）明确工作任务，获取相关信息

1. 知识学习

 引导问题

中山装的样板制作完成之后的工作流程是什么？

_____

_____

_____

📋 小贴士

裁剪是服装缝制的基础，根据样板裁剪单件服装时，应尽量做到准确裁剪，减少误差。批量裁剪时，要根据号型规格的需要，在节约面料的前提下，合理进行排料和裁剪。同时为了减少每层衣片间的误差，应尽量减少排料的层数，将误差值控制在合理的范围内。

讨论

请同学们根据中山装 1：5 的样板进行排料，通过亲身实践和小组讨论，简述中山装排料的情况。

_____

_____

 引导问题

请同学们根据不同的面料幅宽进行排料，并把用料量填入中山装用料表（见表 3-3-2）中。

表 3-3-2　　　　　　　　　　中山装用料表

面料幅宽	90 cm	110 cm	150 cm
用料量			

2. 学习检验

 引导问题

在教师的引导下，独立填写学习活动简要归纳表（见表 3-3-3）。

表 3-3-3　　　　　　　　　　学习活动简要归纳表

本次学习活动的名称	
本次学习活动的主要目标	
本次学习活动的内容	
本次学习活动中实现难度较大的地方	

查询与收集

通过网络浏览或资料查阅，归纳总结裁剪的常用操作技巧，并将其摘抄下来。

_____

_____

引导评价、更正与完善

在教师讲评引导的基础上，对本阶段的学习活动成果进行自我评价和小组评价（100 分制），然后根据评价结果用红笔对本阶段引导问题的回答进行更正和完善。

项目	类别	分数	项目	类别	分数
个人自评分	关键能力		小组评分	关键能力	
	专业能力			专业能力	

（二）制订中山装排料、裁剪的计划并决策

1. 知识学习

学习制订计划的基本方法、内容和注意事项，重点围绕学习活动展开。

制订计划的参考意见：整个工作的内容和目标是什么？整个工作分几步实施？过程中要注意哪些问题？小组成员之间应如何配合？出现问题应如何处理？

2. 学习检验

i 引导问题

（1）请简要写出你所在小组的工作计划。

_____

_____

（2）你在制订计划的过程中承担了哪些工作？有什么体会？

_____

_____

（3）教师对小组的计划给出了哪些修改建议？为什么？

_____

_____

（4）你认为计划中哪些地方比较难实施？为什么？你有什么想法？

_____

_____

（5）小组最终做出了什么决定？决定是如何做出的？

_____

引导评价、更正与完善

在教师讲评引导的基础上，对本阶段的学习活动成果进行自我评价和小组评价（100 分制），然后根据评价结果用红笔对本阶段引导问题的回答进行更正和完善。

项目	类别	分数	项目	类别	分数
个人自评分	关键能力		小组评分	关键能力	
	专业能力			专业能力	

（三）中山装排料、裁剪的实施

1. 知识学习

（1）中山装的排料。

1）排料原则。

①先排大衣片，后排小衣片。排料时应先排较大、较长的衣片，如前衣片、后衣片、大袖片、小袖片等，后排较短、较小的衣片，如领子、口袋、袋盖等零部件。

②先排经向，后排纬向和斜向。排料时应根据样板的形状，先确定面料的经纬向。样板上的丝缕方向要与面料的经纱方向重叠或平行，丝缕方向不能歪斜，歪斜会影响成衣的整体效果。

③填补空隙，见缝插针。应使用直丝对直丝，斜边颠倒，凹面对凸面，弯对弯的排料技巧，尽可能减小样板之间的空隙。在条件允许的情况下，可以将两片样板的缺口相向排放，加大间隙，排放一些小零部件以提高面料的利用率，如图 3-3-1 所示。

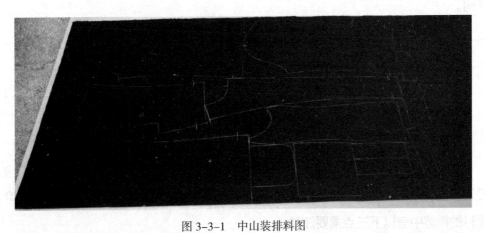

图 3-3-1　中山装排料图

2）排料要求。

①尽量不使用有严重色差的面料，如果面料的色差不大，且色差面积比较小，可以考虑避开色差部分排料，充分利用面料。

②对有条格的面料进行排料时，要使前后侧缝、大袖片、小袖片、口袋与大身的条格相对。对有花纹、图案的面料进行排料时，要注意服装重要部位上花纹与图案的完整性，如左、右前衣片的部位。对有毛绒的面料进行排料时，要注意毛绒的方向性，不能出现左、右衣片上的毛绒方向不一致的现象。

③为了节约面料，有时候可以考虑利用布边排料，但布边往往有针眼，为了保证服装成品的质量，尽量不要使用超过 1 cm 的布边。

④排料结束后，应根据中山装裁剪工艺要求，检查裁片是否齐全，纱向是否准确，再开始裁剪。

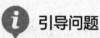 **引导问题**

（1）在保证达到制作工艺要求的前提下，应如何科学地减少面料的使用量？

_____

_____

（2）在教师指导下，请同学们分组进行中山装排料。

_____

_____

（3）请同学们分析单件服装样板排料图和批量服装样板排料图制作方法的异同。

_____

_____

（2）中山装的裁剪。

1）面料的裁剪。

在实际裁剪中应注意缝边顺直，裁剪准确，在条件允许的范围内合理裁剪。剪刀刀口要锋利、清洁，否则易造成面料打滑或布边起毛，影响裁剪的速度和精度。面料的裁剪中有以下三点需要注意。

①裁剪台要保持平整、干净、整洁，裁布剪刀和裁纸样的剪刀要分开。

②裁剪时左右手要相互配合，进刀时左手压着布面，右手握刀前进，左手手势应跟随右手进度变化，以免上下层面料滑动、移位。

③裁剪应严格按照粉线进行，刀路要顺直、流畅，裁剪直线时用刀刃中央，裁剪曲度较大的弧线时尽量用刀刃前端，速度要快，刀口要准。

2）里料的裁剪。

里料的裁剪与面料的裁剪有所不同。里料的裁剪以面料为基础，各部位放适量余量。由于里料特殊的性能和质地，在裁剪前要对其进行预缩。常用的里料在经纱方向上没有伸缩量，纬纱方向上的伸缩量也不大。因此，为了防止在服装的穿着过程中，面料因人体活动而被横纵向拉长，引起衣里的不平服，在里料裁剪时需要在长度和宽度上放出适量的余量，例如服装中常见的后背缝、下摆、侧缝等在长度和宽度上的放松量。不同部分的里料裁剪方法如下所示。

①前衣片衣里。将衣里置于衣面下，使衣里比衣面宽 2 cm。底边比衣长线长 1 cm，领口放 0.3 cm，肩缝、袖窿均放 0.3 cm 的眼皮量，侧缝可放 0.3 cm 的眼皮量，同时将里袋位及省位划在衣里上。

②后衣片衣里。同样先将衣里置于衣面下，使背中央比面宽 2 cm，肩缝放 0.3 cm 的眼皮量，后领窝与面齐，底边比衣长线长 1 cm，或放 0.3 cm 的眼皮量。

③大袖里、小袖里。大袖山弧线放 0.5 cm，小袖弯弧线放 2.5 cm，袖里比袖面长 1 cm，袖缝与面放 0.3 cm 的眼皮量。

④零辅料。领面里使用横纱，按照领净样，四周均放出 2 cm。底领里使用斜纱，按照领净样，四周均放出 2 cm。袋盖里使用横纱，按照袋盖净样，四周均放出 2 cm，其他零料里（里袋垫、吊带里等）均在制作中裁剪。

3）衬料的裁剪。

衬料是服装造型的基础，因此衬料的选择非常重要。常用的衬料有两大类：一类是黏合衬（包括有纺黏合衬、无纺黏合衬），其优点是造型舒展，穿着挺括，易于湿洗；另一类是有毛衬（包括黑炭衬、麻衬、马尾衬、白布衬等），有毛衬不易于湿洗。应根据服装制作的要求和面料的性质，选择衬料的品种，例如肩头衬通常选择马尾衬，袋布通常选择白色或黑色衬料，大身衬则通常选择有纺黏合衬。不同部分的衬料裁剪方法如下所示。

①胸衬。胸衬通常使用麻衬、胸绒等。衬料在裁剪前要下水预缩，使用温水浸泡 1~2 h，直至泡透，然后取出晒干，切忌绞拧，以免破坏衬料的结构。胸衬用横纱，因为横纱可以保持饱满的弹性，胸衬的尺寸与中腰线以上的大身衬相同，并需在裁剪前设置省缝。

②下节衬。下节衬通常使用白布衬（可根据具体工艺要求调整），尺寸比大身下节窄 2 cm，长压住胸衬 2 cm。

③领衬。中山装的领子是由底领和翻领组合而成的，领衬一般使用树脂衬，通常在翻领使用一层，也可在领两端使用 10 cm 长的斜纱衬头，以保持领尖的挺括。翻领使用横纱、斜纱均可，底领衬使用两层直纱，其大小与形状和领净样保持一致。

引导问题

（1）在教师指导下，请同学们分组进行中山装前、后衣片里料的制图和裁剪。

_____

（2）在教师指导下，请同学们分组进行中山装袖子里料、零辅料的制图和裁剪。

_____

_____

（3）当选择会缩水的里料制作中山装时，应如何计算里料的使用量？

_____

_____

小贴士

中山装的衬料通常有以下三种选择。

①天然半麻衬：多数高端定制的中山装采用天然半麻衬做衬料。

②天然全麻衬：有些高档中山装或西服也会采用天然全麻衬做衬料，但这种里料做工要求较高，不允许出现透针情况。

③黏合衬：更多的中山装选择使用黏合衬做衬料，但黏合衬是流水线制作的衬料，在中山装制作中一般会利用高温对黏合衬进行压烫，因此采用了黏合衬的中山装穿的时间久了就可能会出现衬布起泡的现象。

2. 技能训练

 实践

服装排料是服装制作中的重要一环，排料技术的好坏是决定面料利用率的关键。请列举常见的排料省料的技巧。

_____

_____

_____

3. 学习检验

（1）请同学们在教师的指导下，参照世界技能大赛评分标准，完成下表中各种款式服装面料的用料计算公式，并独立填写各类服装的用料计算公式表（见表3-3-4）。

表3-3-4　各类服装的用料计算公式表（参照世界技能大赛评分标准）

序号	分值	款式	面料幅宽	用料计算公式	得分
1	20	中山装	114 cm		
			150 cm		
2	20	男式西装	114 cm		
			150 cm		
3	15	女式西装	114 cm		
			150 cm		
4	15	男式衬衫	90 cm		
			144 cm		
5	15	女式衬衫	90 cm		
			144 cm		
6	15	男式长裤	114 cm		
			150 cm		
合计得分					

（2）请同学们以小组为单位，集中填写设备使用记录表（见表3-3-5）。

表3-3-5　　　　　　　　　　　　设备使用记录表

使用设备名称	是否正常使用	
	是	否，是如何处理的
裁剪设备		
缝制设备		
整烫设备		

引导评价、更正与完善

在教师讲评引导的基础上，对本阶段的学习活动成果进行自我评价和小组评价（100分制），然后根据评价结果用红笔对本阶段引导问题的回答进行更正和完善。

项目	类别	分数	项目	类别	分数
个人自评分	关键能力		小组评分	关键能力	
	专业能力			专业能力	

（四）成果展示与评价反馈

1. 知识学习

任务完成后，需要对任务成果进行展示和评价，并对评价做出相应反馈。

（1）展示的基本方法：平面展示法、人台展示法和其他展示法。

平面展示法是将成品平铺在工作台上进行展示的方法。

人台展示法是将成品穿在人台上进行展示的方法。

其他展示法主要包括真人穿着展示和衣架悬挂展示等。

（2）评价的基本方法：观察法、比对法等。

观察法是指通过肉眼观察判断成品品质的一种评价方法。

比对法是指将成品与同学们的成品进行比对，检测成品是否一致的一种评价方法。

2. 技能训练

 实践

（1）将任务成果贴在黑板或白板上进行悬挂展示。

（2）依据表 3-3-4，对不同款式服装的排版、用料计算的合理性进行自我评价和小组评价。

3. 学习检验

i 引导问题

（1）在教师的指导下，小组内进行作品展示，然后经由小组讨论，推选出一组最佳作品，进行全班展示与评价，并由组长简要介绍推选的理由，小组其他成员做补充并记录。

小组最佳作品制作人：_____

推选理由：_____

_____

其他小组评价意见：_____

_____

教师评价意见：_____

_____

（2）将本次学习活动中出现的问题及其产生的原因和解决的办法填写在问题分析及解决表（见表 3-3-6）中。

表 3-3-6　　　　　　　　　　问题分析及解决表

出现的问题	产生的原因	解决的办法
1.		
2.		
3.		
4.		

自我评价

就本次学习活动中自己最满意的地方和最不满意的地方各列举一点，并简要说明原因，然后完成学习活动考核评价表（见表 3-3-7）的填写。

最满意的地方：_____

最不满意的地方：_____

表 3-3-7 　　　　　　　　　　学习活动考核评价表

学习活动名称：中山装排料、裁剪

班级： 　　　学号： 　　　姓名： 　　　指导教师：

评价项目	评价标准	评价依据	评价方式及权重			权重	得分小计	总分
			自我评价	小组评价	教师（企业）评价			
			10%	20%	70%			
关键能力	1. 能穿戴劳保服装，执行安全操作规程 2. 能参与小组讨论，制订计划，相互交流与评价 3. 能积极参与学习活动 4. 能清晰、准确表达，与相关人员进行有效沟通 5. 能清扫场地，清理机台，归置物品，填写设备使用记录表	1. 课堂表现 2. 工作页填写				40%		
专业能力	1. 能区分不同的面料、辅料和衬料 2. 能叙述服装排料的原则与要求；根据不同的服装款式准确计算用料，并进行合理排料 3. 能对中山装的排料进行核对检验 4. 能按照企业标准或世界技能大赛评分标准对中山装的排料、裁剪的成果进行检验，并进行展示	1. 课堂表现 2. 工作页填写 3. 提交的成品质量				60%		
指导教师综合评价								

指导教师签名： 　　　　　　　　　日期：

三、学习拓展

说明：本阶段学习拓展建议课时为 2~4 课时，要求学生在课后独立完成。教师可根据本校的教学需要和学生的实际情况，选择部分或全部进行实践，也可另行选择相关拓展内容。

 引导问题

请根据下列条件计算该男式西服套装的用料量。

（1）面料幅宽 144 cm，无条格，无倒顺毛。

（2）衣长 74 cm，袖长 59 cm，裤长 103 cm。

（3）单件裁剪制作。

 实践

假设某服装企业接到一批服装制作订单，需制作服装的尺码及数量要求见表 3-3-8。

表 3-3-8　　　　　　　　　　订单要求表　　　　　　　　单位：件

尺码	8	10	12	14	16
数量	200	300	500	200	300

假设每床最多可拉 150 层，每张唛架最多排 6 件，试设计本次订单的最佳裁剪分配方案。

📷 **查询与收集**

请同学们通过查阅相关学材，了解中山装的缝制工艺流程，并将其记录下来。

学习活动 4
中山装缝制、熨烫

🎯 学习目标

1. 能严格遵守工作制度，服从工作安排，按要求准备好中山装缝制、熨烫所需的工具、设备、材料与各项工艺文件。

2. 能正确识读中山装缝制、熨烫的各项工艺文件，明确中山装缝制、熨烫的流程、方法和注意事项。

3. 能查阅相关技术资料，制订中山装缝制、熨烫的计划，并在教师的指导下，通过小组讨论做出决策。

4. 能按照中山装的工艺要求独立完成中山装制作。在缝制过程中通过控制领里、领面的吃量，使领子合体；通过准确控制钉扣位置，使前门襟对合严密，顺直，不搅口。运用推、归、拔、烫技术手法使各部位平服、端正。

5. 能按照企业标准（或参照世界技能大赛评分标准）对中山装的缝制、熨烫工作进行检验，并依据检验结果修正相关问题。

6. 能按照生产工艺单的要求，完成中山装的缝制、熨烫；能熟练使用并维护手工或电动裁剪工具、缝纫机及其他设备。

7. 能展示、评价中山装缝制、熨烫各阶段的成果，并根据评价结果，做出相应反馈。

一、学习准备

1. 准备服装制作学习工作室中的缝制设备与工具、整烫设备与工具。

2. 准备劳保服装，安全操作规程，生产工艺单，缝制、熨烫相关学材。

3. 划分学习小组（每组5~6人），将分组信息填写在小组编号表（见

表 3-4-1）中。

表 3-4-1 　　　　　　　　　小组编号表

组号	组内成员及编号	组长姓名	组长编号	本人姓名	本人编号

提示

请同学们自己检查一下，劳保服装有没有穿戴好？手机是否已经放入手机袋？请仔细阅读安全操作规程，将其要点摘录下来。

_____

_____

_____

二、学习过程

（一）明确工作任务，获取相关信息

1. 知识学习

（1）中山装的部件。

1）面料类：前衣片、后衣片、大袖片、小袖片、挂面、翻领面、底领面、大袋盖、小袋盖、小袋布、大袋布。

2）里料类：前衣里、后衣里、大袖里、小袖里、大袋盖里、小袋盖里、大袋口绲条、小袋口绲条、里袋嵌线。

3）衬料类：大身衬、领衬、胸衬、领角衬、袖口衬、袋盖衬、贴边衬、牵带。

4）其他：绒布斜条、垫肩、领扣、纽扣、线。

（2）中山装的缝制、熨烫流程。

检查裁片→粘衬→打线丁→做缝制标记→收省→归拔前衣片、后衣片和袖片→做袋→装袋→做胸衬→敷衬→敷牵带→开里袋→敷挂面→翻止口，缉止口→缉摆缝→兜缉底边，固定夹里→拼肩缝→做领→装领→做袖→装袖→缲夹里→锁眼，整烫，钉纽→检验。

引导问题

（1）哪些面料适合制作中山装？

_____

_____

（2）中山装的里料和衬料应该如何选择？

_____

_____

 讨论

观察如图 3-4-1 所示的四种缝型，说出它们的名称，并分析它们分别适合用在服装的什么部位。请结合实践进行小组讨论，简要写出讨论结果。

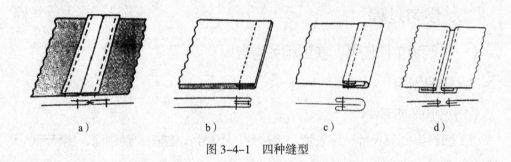

a）　　　　　b）　　　　　c）　　　　　d）

图 3-4-1　四种缝型

_____

_____

_____

_____

_____

2. 学习检验

 引导问题

（1）在教师的引导下，独立填写学习活动简要归纳表（见表 3-4-2）。

表 3-4-2 学习活动简要归纳表

本次学习活动的名称	
本次学习活动的主要目标	
本次学习活动的内容	
本次学习活动中实现难度较大的地方	

（2）在教师的指导下，分析中山装领子的领型及其特点。

_____

_____

 讨论

俗话说"三分做，七分烫"，熨烫在服装制作工艺中起着重要的作用。试述服装熨烫定型的操作步骤。

_____

_____

_____

查询与收集

通过网络浏览或资料查阅，了解中山装缝制、熨烫的工艺要求，并把收集的资料摘抄下来。

_____

_____

引导评价、更正与完善

在教师讲评引导的基础上，对本阶段的学习活动成果进行自我评价和小组评价（100 分制），然后根据评价结果用红笔对本阶段引导问题的回答进行更正和完善。

项目	类别	分数	项目	类别	分数
个人自评分	关键能力		小组评分	关键能力	
	专业能力			专业能力	

（二）制订中山装缝制、熨烫的计划并决策

1. 知识学习

学习制订计划的基本方法、内容和注意事项，重点围绕学习活动展开。

制订计划的参考意见：整个工作的内容和目标是什么？整个工作分几步实施？过程中要注意哪些问题？小组成员之间应如何配合？出现问题应如何处理？

2. 学习检验

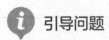 引导问题

（1）请简要写出你所在小组的工作计划。

_____

（2）你在制订计划的过程中承担了哪些工作？有什么体会？

_____

_____

（3）教师对小组的计划给出了哪些修改建议？为什么？

_____

_____

（4）你认为计划中哪些地方比较难实施？为什么？你有什么想法？

_____

_____

（5）小组最终做出了什么决定？决定是如何做出的？

_____

_____

引导评价、更正与完善

在教师讲评引导的基础上，对本阶段的学习活动成果进行自我评价和小组评价（100分制），然后根据评价结果用红笔对本阶段引导问题的回答进行更正和完善。

项目	类别	分数	项目	类别	分数
个人自评分	关键能力		小组评分	关键能力	
	专业能力			专业能力	

（三）中山装缝制、熨烫的实施

1. 知识学习

（1）粘衬。

前衣片的大身衬按常规配制。胸衬用有纺衬，距叠门线 1 cm，在后衣片的领口、袖窿和下摆部位粘衬，下摆粘衬部位距下摆线 4 cm（见图 3-4-2 和图 3-4-3）。

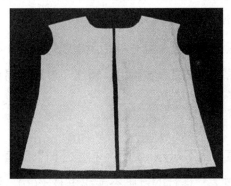 

图 3-4-2　前衣片的粘衬部位　　　　图 3-4-3　后衣片的粘衬部位

侧片需在腰节线以上部位粘衬，大袖片、小袖片在袖口与开衩处粘衬，袖口衬距离袖口线 4 cm（见图 3-4-4）。

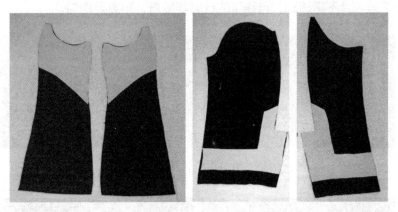

图 3-4-4　侧片和大袖片、小袖片的粘衬部位

（2）打线丁。

打线丁是在毛呢服装缝制过程中做标记的工艺，是对不易做粉位标记的织物采用的一种标记方法。

1）打线丁的作用。

在毛呢服装的制作中要用到推、归、拔、烫等工艺，普通标记容易脱落和模糊，因此可以采用打线丁的方法进行标记。打线丁能准确地反映服装缝合部位和零部件装配位置的对称性，使样衣师能够在缝制中准确按照标记部位缝合与装配。

2）打线丁的方法。

线丁是缝合的标记，因此打线丁要根据缝制部位的需要与制作的难易程度确定打线丁的部位和线丁的疏密。线丁一般使用白棉线，因为棉线绒头较长，不易脱落，而且白棉线颜色清晰，不掉色，易于分辨，适用于各种色泽的面料。

打线丁的方法有两种，一种是用双线打单针，另一种是用单线打双针。不论采用哪种方法，线丁的长度要适宜，留线丁过长易导致脱落，留线丁过短则易在剪线丁时剪破衣片。

3）打线丁的操作流程。

首先将衣片铺平摆顺，使丝缕顺直，上下对齐，对正。打线丁时，应首先根据部位决定线丁的针码大小。针脚不宜过大，连针的针脚不能超过 0.3 cm，且要打齐对准（见图 3-4-5）。剪线丁时，将上层衣片掀起，把线丁拉长 0.3 cm，中间剪断，再将面上的余线剪断（见图 3-4-6）。修剪后轻轻拍打线丁，使其固定在面料中，以免脱落（见图 3-4-7）。剪线丁的顺序是先外后里，先边后中。在操作时还要注意上下层衣片不得移动，且线丁的针脚要顺直，距离要均匀。

图 3-4-5　打线丁

图 3-4-6　剪线丁

图 3-4-7 拍打线丁

打线丁的针法：第一针向下扎，当针穿透最底层衣料，即针尖露出面料 0.3 cm 时，立刻向上挑、缝，将针拔出完成一针。

4）打线丁的部位。

中山装衣片中需要打线丁的部位包括前衣片、后衣片、大袖片、小袖片、衣袋。其中，前衣片中打线丁的位置包括衣长、腰节、扣位、袋位、省位、对袖点、搭门、领嘴（见图 3-4-8）。后衣片中打线丁的位置包括后中折缝、后衣长、腰节。侧片打线丁的位置包括腰节、侧片衣长（见图 3-4-9）。

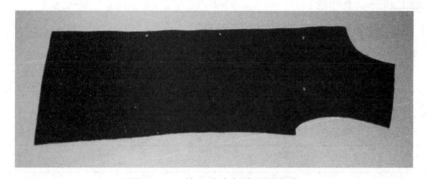

图 3-4-8 前衣片中打线丁的部位

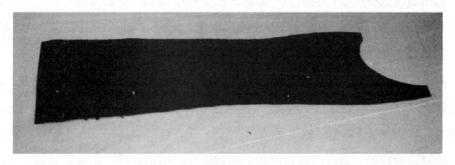

图 3-4-9 侧片中打线丁的部位

引导问题

（1）不同的面料所需熨烫的温度不同，请同学们分析应如何根据面料的性能确定吊瓶蒸汽熨斗的熨烫温度。

_____

_____

_____

（2）请同学们归纳总结打线丁的目的。

_____

_____

_____

 讨论

请同学们在教师的示范指导下，独立进行吊瓶蒸汽熨斗的熨烫训练，在小组讨论的基础上回答以下问题。

（1）如何调节吊瓶蒸汽熨斗的熨烫温度？

_____

_____

（2）如何正确操作吊瓶蒸汽熨斗？

_____

_____

（3）衬布缝制。

衬布缝制是将多层衬组合为一体的过程。衬布缝制的工艺分为两种，一种是软缝制（使用胶衬），另一种是硬缝制（使用毛衬、麻衬）。本款中山装选择硬缝制。

1）衬省的缉缝。

衬省的缉缝方法有两种：一种是搭缉，适用于厚的面料；另一种是对缉，是将省量剪掉并对齐，下垫薄布，用"Z"形线路缉缝的缉法，适用于薄的面料。无论哪种缉法，都要求缉缝牢固、省尖圆顺。

将腰省收好后，需再将胸省缝合，按制图线剪至胸省处，将省量修掉后把省缝对齐，垫薄布条，按"Z"形缝合（见图 3-4-10 和图 3-4-11）。缝合之后胸部便会自然凸起，肩部造型也会出现自然凹凸，达到符合人体结构的目的。胸省缝合后，需再将省缝烫平顺，肩部和胸部烫圆顺。

图 3-4-10 "Z"形线迹　　　　　图 3-4-11 衬省的缉缝

2）衬布的组合。

首先将大身衬、胸绒、马尾衬、下节衬按顺序放好，将其凹处、凸处对准（见图 3-4-12）。为了避免衬布移动，可先将衬布用白棉线扎好，再进行纳衬。纳衬是多层衬组合的第一道工序，有多种操作方法，一般是由肩头开始纳至胸下部，线迹斜度与经纬纱成 45°（见图 3-4-13）。纳衬的目的是提高衬布的密度和不同角度的韧度，使其符合人体结构并满足人体活动的需要。纳衬可以看反面缉，这样可以使衬布凹势自然。纳衬完成后，在腋下至腰节处带一直杆条，其目的是固定胸部胖势，促使其饱满。竖缉下节衬，要求上下层平顺、服帖，线迹整齐，凹凸自然。

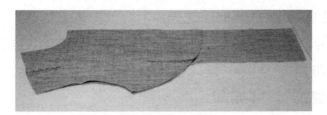

图 3-4-12 衬布的组合

图 3-4-13 纳衬

3）衬布的熨烫。

衬布的熨烫能够使衬布的结合更加紧密，是对衬布进一步的造型处理。衬布经过缉缝后，尚不能达到使用和造型的要求，因此需要熨烫处理。衬布的熨烫是使用较高温度的熨斗，按照需要，运用归拔技巧，使各层重叠的衬布融为一体，塑造出胸部、肩部等造型的过程。

首先在衬布上均匀喷洒水分，使其浸透衬布后，用力往返熨烫，使各层衬布充分预缩定型。中山装衬布的胸部胖势要自然平顺，不宜过大，要区别于尖圆形的女装胸部造型。中山装衬布的造型决定了其外观的造型。

熨烫过的衬布要具有弹性和韧性，左、右两边胸部饱满度和高度均应对称一致，肩部凹凸自然，不能出现烫黄或未烫干的现象，否则会使衬布失去弹性。

衬布的熨烫流程如下所示。

第一步：衬布正面朝上，将垫具放在袖窿反面，止口归直，并向胸部推烫，胸部可略拔开。

第二步：使用同样的方法，将垫具放在止口，归缩腋下及袖窿，向胸部推烫，胸部略拔开。

第三步：将肩部按其凹势熨烫，注意不要拉开领口，保持其平服状态。

第四步：熨烫胸部上下纱向，使其圆顺、平挺。反复熨烫胸部、肩部，将其推圆、烫顺，使之具有饱满之感和挺翘之势。

归拔完毕后，使衬布冷却定型，以防变形。可将衬布倒置，挂在固定点上，固定点的垂线要通过胸部的中点，以保证衬布造型端正。冷却时间为 2 h 左右。熨烫完成的衬布应如图 3-4-14 所示。

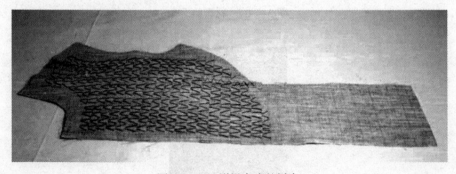

图 3-4-14　熨烫完成的衬布

ℹ️ 引导问题

（1）熨斗使用完毕后，应以图3-4-15中的哪种方式摆放在工作台上？为什么？

a）　　　　　　　　　　　b）

图3-4-15　熨斗摆放方式

_____

_____

（2）请分析服装熨烫的作用有哪些。

_____

_____

（3）在教师的引导下，总结服装熨烫的技巧及注意事项。

_____

_____

（4）利用中山装的衣片练习服装的熨烫技法，包括平烫、起烫、分烫、扣烫以及推、归、拔等，注意保持正确的熨烫手势。

_____

_____

（4）前衣片缉缝、熨烫。

1）省缝的缉缝方法。

在熨烫前，需要先将胸省、腋下省缉缝好，要求缉线结实，线路顺直，省尖不回针，留2 cm线头打结，左右两襟的省道长短应对称一致。

从中间剪开两省，省尖处留2.5 cm不剪到头，然后用白棉线将毛缝环好，以防脱丝。省缝也可采用垫条工艺，条为本料直纱，宽度比省宽宽，长度略比省长长，垫条垫在省的内侧。然后按省份缉缝，胸省和腋下省都向省外侧缉缝，使省的外侧有拔开的趋势，为前衣片的熨烫打好基础。

2）前衣片的熨烫方法。

第一步：分烫胸省。分烫胸省时，需使门襟止口保持直纱，将省缝摆弯曲，弯曲量为胸省宽的一半或与省宽相同。省尖归烫圆顺，拔开腰节处省缝，其余量归至胸部（见图3-4-16）。

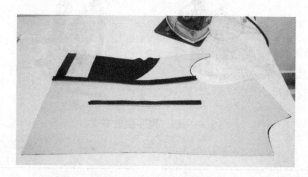

图 3-4-16　分烫胸省缝

第二步：分烫腋下省。分烫腋下省时，需使侧缝保持直纱，将省缝向止口方向摆弯曲，弯曲量大约为省宽的一半。拔开中腰处省缝，省尖归烫圆顺，将其余量推至胸部（见图3-4-17）。

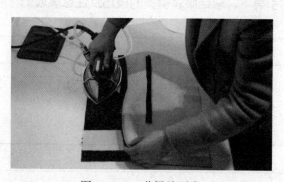

图 3-4-17　分烫腋下省

第三步：归烫门襟止口。归烫门襟止口又称推门，它是中山装缝制工艺中的重要技法之一，其目的是使该部位符合人体结构并满足人体活动的需要。中山装在缝制过程中容易产生止口搅和后衣片起吊等问题，而这些问题的产生与推门技法水平的高低有很大关系。因为中山装有劈门，所以会在腰节线以上的止口处产生弧线，归拔时必须把胸部胖势向胸部中间归烫，把止口归直、归平。

归烫门襟止口的方法是将门襟止口弧线归直并推向胸部，胸部略拉开，再返归至止口。中腰门襟止口纱向略向前摆弯曲，根据已定好型的胸省，将余量推向胸部，在中腰以下第五扣位处略归拢，以防穿着时"豁口"，余量推向大袋中央。以此方法反复熨烫直至烫干，使其受热均匀（见图3-4-18）。

图 3-4-18　归烫门襟止口

第四步：归烫袖窿。归烫袖窿的目的是塑造人体臂根圆顺造型的同时凸出胸部。胸部的凸起程度要与已熨烫好的衬布相吻合。归烫袖窿的方法是归烫袖窿弯线，同时将胸围线以下横纱向上提归。在归烫袖窿的同时，在胸部略拔开余量，并将余量顺势归至袖窿弯处，将袖窿弧线归圆归顺，并将袖窿用子母嵌条固定（见图3-4-19）。归烫时需注意，归量不宜过大，以免造成袖弯弧线变形，导致其无法与相配合的袖弧线吻合。一般归量与撇胸归量相同。

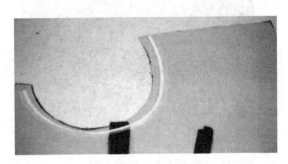

图 3-4-19　归烫袖窿

第五步：归拔侧缝。为了使胸、腰、臀部的围度分配合理，在衣片的侧缝处需要进行凹凸曲线处理，且根据熨烫原理，为了使侧缝符合人体腰部曲线，要对侧缝进行归拔处理。归拔时，应根据中山装的造型要求和裁片要求，将其腰曲处向外拉伸，回归至腋下省缝与侧缝中央处，将臀部曲线归直，推向臀部，并将中腰以上归烫平顺，使其与归拔好的后衣片保持配合，形成后身的圆势。

第六步：归烫下摆。归烫下摆的目的是使臀部底边平服，贴边翻折后松紧适宜。

底边翘，底度大，归量就大，反之则小。下摆的归烫方法是将底边起弧处线迹归直，并将余量向上推烫（见图 3-4-20）。

图 3-4-20　归烫下摆

第七步：归烫袋口。归烫袋口的目的是使贴袋安装平服。袋口的归烫方法是将袋口处余量归烫平服。归烫中需注意将两省尖处丝绺往袋中央归烫。

第八步：归拔肩部。肩部的归拔是肩部造型的关键，通过对肩部的熨烫，可以使平面的衣片符合人体前肩部凹曲的造型，也可以为人体肩部向前运动留出需要的量。肩部归拔应围绕凹曲点进行，前肩线略伸展，前领口不要伸开（见图 3-4-21）。

图 3-4-21　归拔肩部

第九步：整理。按各部位归拔方法将胸部、腰部、臀部、肩部及门襟止口等部位推圆、烫顺、烫活，使衣片受热均匀，保持造型的左右对称。

第十步：检查、复核。检查两衣片归拔量是否一致，如不一致，需再次归烫，同时要注意使两衣片的熨烫时长和温度保持一致，以防衣片冷却后产生不对称现象。归烫完毕后，衣片要冷却定型数个小时，确保敷衬后衣片不会再受伸缩影响而发生变化。

（5）后衣片熨烫。

后衣片的熨烫对服装的整体造型起着很大的作用。由于中山装的衣片结构是独块式的，除衣缝外没有省道设置，要使其符合人体后背凹凸起伏的特点并满足人体运动的需要，就需要通过熨烫，使整块平面的后衣片与人体的肩部、背部、腰部、臀部结构相吻合（见图3-4-22）。

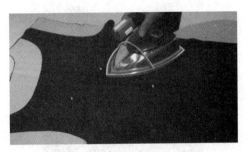

图 3-4-22　后衣片熨烫

后衣片归拔时，一般将后衣片对折一起归拔，两面归拔后，再将后衣片打开，归烫中折缝。后衣片的熨烫要求是肩部归烫圆顺，拔出背部活动量，腰部凹陷，臀部圆顺服帖。

第一步：归烫袖窿。将后衣片肩胛骨处适量拔开，同时将袖窿归拢，一般归拢0.5 cm左右，其目的是使后衣片符合肩胛骨的凸出形状，并满足穿着者手臂向前活动的需要。

第二步：归拔上腰、中腰、臀部。为使侧缝的曲度符合人体曲线，需将后衣片的上腰归拢，中腰拔开，臀部拔开，其余量归至背宽的1/2处，以保持背部、中腰的曲线。

第三步：归拔肩部。归拔肩缝，使肩缝向前弯曲，符合人体肩部弯曲的特点，将肩端往下5 cm处略拔开（见图3-4-23）。

图 3-4-23　归拔肩部

第四步：归烫背中央部。将中折缝打开铺平，摆好余量，根据穿着者的体型决定背部的归拔程度。若穿着者背部平坦，则略归为宜；若穿着者驼背，则不归为宜。在归烫时，需将背部、腰部、臀部胖势分别推烫圆顺，使背部弯曲，底摆服帖圆顺。最后在两侧袖窿弯处加上嵌条，缉缝固定以便人体活动（见图3-4-24）。

图3-4-24 归烫背中央部

 引导问题

（1）熨烫时服装面料可能出现烫焦、变色的现象，请问该现象产生的原因是什么？

_____

_____

（2）熨烫时服装面料可能出现极光的现象，请问该现象产生的原因是什么？应如何避免此类现象的发生？

_____

_____

💬 讨论

根据男性的体型特征，前衣片中的哪些部位需要着重进行熨烫处理？后衣片中的哪些部位需要着重进行熨烫处理？

_____

_____

（6）大、小贴袋的缝制与装配。

大、小贴袋的缝制与装配直接影响着中山装的整体外形结构，因此大、小贴袋的准确缝制和装配很重要，这要求贴袋、袋盖各部位的方、圆均整齐对称，袋盖大于贴袋 0.3 cm，大、小贴袋和袋盖均与大身顺纱，贴袋和袋盖与大身的装配自然，明线顺直。

1）缝制大、小袋盖。

第一步：粘无纺衬。袋盖面烫无纺黏合衬，使袋盖更加挺括（见图 3-4-25）。用袋盖净样板画在里子的反面（注意里子的纱向应与袋盖顺纱）。三边留放 0.5 cm，上口留放 1 cm，袋盖面可以按照袋盖里的大小再加放 0.2 cm 作为拥量，也可以根据袋盖的形状和面料的薄厚、粗细、疏密程度以及袋盖与大身组装所需的层次决定拥量的多少。将袋盖面、里正面相对，袋盖里在上，按净线板缉缝。缉线时袋盖里要略紧，缉线要顺直，圆角要圆顺。缉线时应在圆角处将袋盖里带紧，使其面松里紧。

图 3-4-25 袋盖粘衬

第二步：缉缝袋盖。按照袋盖净样板进行缉缝，并将所放拥量按所需层次用锥子吃进（见图 3-4-26）。

第三步：翻烫袋盖。将圆头缝份修剪成 0.2 cm 宽，剪圆顺，盖尖折角对齐翻出，面吐出 0.1 cm，剩余 0.1 cm 作为拥量，再将其扣烫圆顺，使其符合净样板。

第四步：缉缝袋盖明线。沿袋盖止口缉缝 0.4 cm 明线。看里缉缝时要注意确保正面线迹的清晰整洁，看面缉缝时要注意固定袋盖。可使用圆形垫具或窄压脚等工具作为辅助缉缝 0.4 cm 明线，画出袋盖宽窄和前后位置。

图 3-4-26 缉缝袋盖

第五步：做钢笔口。钢笔口在大襟小袋盖的上端，距前端 1 cm，长度为 3 cm。在 3 cm 两边竖打剪口至袋盖宽线上，将面折扣，里距袋盖线 0.3 cm 剪口扣齐，并沿 0.3 cm 扣折边缉 0.1 cm 的明线。这样袋盖的正面应当有 0.4 cm 明线（见图 3-4-27）。

图 3-4-27　做钢笔口

第六步：固定袋盖拥度。为使袋盖与大身的胖势吻合，袋盖面要有一定的拥度，应将袋盖卷起，在离袋盖宽线 0.2 cm 处，袋里缉线固定。

2）缝制小贴袋。

第一步：制作小贴袋上口。根据面料的薄厚程度，小贴袋上口的做法有两种。缝制薄料时，应当采用上口扣光的做法；缝制厚料时，为了降低袋口的厚度，应当采用绲条式的做法。此处采用上口扣光的做法：小贴袋上口不留缝份，上口包缝回扣 1 cm，缉缝 0.1 cm 和 0.8 cm 明线，并在中间加一垫扣料。绲边上口按样板剪掉 1 cm 后绲边。

第二步：制作小贴袋缝份。将小贴袋三边按样板画好，并用小贴袋盖核对，袋盖两侧应各大于 0.1 cm。若采用勾缝法，小贴袋三边所放缝份宽度不小于 0.4 cm。若采用压缝法，小贴袋三边所放缝份宽度不小于 0.6 cm（见图 3-4-28）。

图 3-4-28　缝制小贴袋

3）缝制大贴袋。

第一步：制作大贴袋上口。大贴袋上口与小贴袋上口的制作方法一样，但大贴袋明线距上口 1.5 cm。

第二步：制作大贴袋缝份。袋墙宽 4 cm，两角以斜线剪齐，斜角线对缉成方形，然后扣齐。用大袋盖核对，袋盖两侧应宽于贴袋 0.15 cm 左右，扣烫完后将袋墙边剪齐，略刮糨糊使其挺括，避免拉伸（见图 3-4-29）。

图 3-4-29　缝制大贴袋

4）装配小贴袋和袋盖。

第一步：确定贴袋位、袋盖位。扣眼决定袋位，因此应以线丁为依据，先确定扣眼位。小袋位与第二扣眼平齐，大袋位与最下方的扣眼平齐。根据袋位高低，用样板将袋形画好，最后核对两边袋位的高低，若前后位置与规格无误，则进行小贴袋、袋盖的安装（见图 3-4-30）。

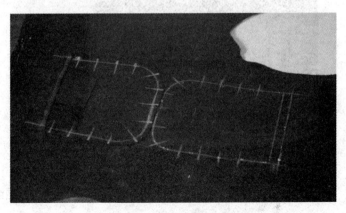

图 3-4-30　确定贴袋位、袋盖位

第二步：安装小贴袋、袋盖。根据定好的袋位，将小贴袋准确地安装到大身上。小贴袋、袋盖的安装必须注意层次的自然和位置的准确对称。小贴袋位于胸部中央，缝制时保持拥度适宜，小贴袋宽的中央对准胸省，袋盖尖也要对准胸省。沿贴袋止口缉 0.4 cm 明线。缉缝时要注意线迹清晰整洁，袋盖固定。缉缝时可用圆形垫具或者窄压脚等工具辅助。缉缝袋盖时注意袋盖中央的吃势，缉缝顺直，然后将缝份剪成 0.3 cm，在正面压缉 0.4 cm 明线，钢笔口两端封 0.4 cm 止口，袋盖两侧大 0.1~0.15 cm（见图 3-4-31）。

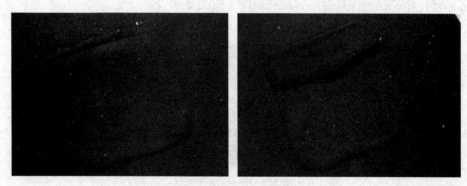

图 3-4-31　安装小贴袋、袋盖

5）装配大贴袋和袋盖。

第一步：核对大贴袋位、袋盖位。在缝制前，为了使大贴袋牢固，在袋位处的反面加一层宽 3 cm、长同袋宽的垫衬布（见图 3-4-32）。

图 3-4-32　核对大贴袋位、袋盖位

第二步：安装大贴袋、袋盖。按照大贴袋的位置与大小缉缝，缉缝时要注意使袋口的松量适宜，使贴袋的胖势与大身胖势吻合。由于缉缝是在袋内进行，线路必须顺直，大贴袋不可移动。前后角部及大贴袋底部有吃势，缉完三边后将大贴袋两端封 1 cm 的结。大贴袋盖的缉缝方法与小贴袋盖的缉缝方法相同（袋盖两侧大于袋 0.15~0.2 cm）。大贴袋、袋盖缉缝完成后，从反面进行熨烫，使大贴袋、袋盖与大身胖势自然吻合（见图 3-4-33）。

图 3-4-33　安装大贴袋、袋盖

 引导问题

（1）中山装的四个贴袋都有一定的寓意，它们分别代表了什么？

_____

_____

_____

　　口袋的样式有贴袋、挖袋、插袋等几大类，每一类样式又有很多造型上的变化。请说出图 3-4-34 中口袋的不同样式类型，并将其记录下来。

　　　　　a）　　　　　　　　　　　b）　　　　　　　　　　　c）

图 3-4-34　口袋的不同样式类型

_____

_____

_____

　　（2）将本次学习活动中出现的问题及其产生的原因和解决的办法填写在问题分析及解决表（见表3-4-3）中。

表 3-4-3　　问题分析及解决表

出现的问题	产生的原因	解决的办法
1.		
2.		
3.		
4.		

（7）敷衬。

1）敷衬的原理。

敷衬是面与衬相结合的过程，是衣片熨烫的延续，也是衣片经纬纱向的第二定型过程。

敷衬是服装缝制中的重要环节，与服装质量有极其密切的关系。做好敷衬必须先了解衬料的性质，如衬料的薄厚、疏密、质地，面料在湿度、温度变化下的自然伸缩率等，使敷好的衬在各种环境条件下始终保持平服、自然。

2）敷衬的要点和步骤。

将归烫好的衣片按经纬纱向要求与衬进行对位缝合，使面、衬合为一体。一般先敷里襟，衬的正面对衣片的反面，使胸部胖势对准，肩部凹势吻合，各部位纱均按熨烫衣片时的纱向摆正。敷衬的步骤如下所示。

第一道线：自肩部的凹曲点起针，针距以 4~5 cm 为宜，过针要小，松紧适宜，绷线通过腰省时腰节处略捋紧，并将中腰直纱向止口方向顺出 0.3 cm，以保证成衣后纱向的自然回直。中腰以下经纬纱向平直，至衣长 3 cm 以上为止。

第二道线：由肩部的凹曲点起针，针至距止口 3 cm 处，顺着止口针至距衣长 3 cm 处。胸部止口经纱略有倾斜（由于胸部的凸起，当衣片呈立体状态时经纬纱向便会顺直），面与衬平服，可略捋紧，中腰及中腰以下均保持纱向平直，面衬平服。将衣片的后半片掀起，把胸省缝份用单线固定在衬布上，1 cm 一针，线不松不紧，将面与衬固定起来。

第三道线：由肩部的凹曲点起针，斜针至腋下省，再斜针至中腰，要求面与衬平服，面略紧些，袖窿腋下纬纱略往上提 0.5 cm。

完成之后，将衬与面放出 0.5 cm，剪开，保证两襟对称一致。再用熨斗在衬的一面进行熨烫，使面与衬充分融为一体，最后将两衬直立挂起冷却定型。

（8）撇门与带嵌条。

1）撇门。

将止口划直剪齐，衬布剪 1 cm，领嘴处按规格要求剪掉，一般大襟领嘴留 2 cm，底边按实际衣长剪顺直，并将里襟下摆处剪成上翘势。

2）带嵌条。

带嵌条的作用是定型。带嵌条的步骤如下所示。

第一步：带嵌条。用宽 1.5 cm 的直纱，从领嘴处开始，将嵌条虚出衬布 0.5 cm。带嵌条时要求线路顺直，将嵌条与衬布缉在一起，胸部略紧，中腰平服，下角略紧。

第二步：熨烫嵌条。对带好的嵌条进行熨烫并将其与大身黏合，嵌条要平直，胸部要隆起，两襟长短要一致。熨烫时将前身的后半片用垫具支起，止口摆顺，为了保持已经归烫好的胸部胖势，应对胸部进行归烫，同时将中腰部往止口方向拉烫，这一步的目的是巩固中腰的顺直，防止搅止口。

（9）做里袋与缉过面。

1）做里袋。

第一步：画里袋位，里袋位距肩缝 30 cm 左右。

第二步：缉缝里袋嵌线。里袋采用双层面料。里袋嵌线是将两块面料正面对缉形成的，前端缉 2 cm，中间留放里袋大 14 cm，后端沿面料中间缉顺。后将面料分开烫平，牙子前宽 1 cm，后宽 1.5 cm（见图 3-4-35）。

图 3-4-35　缉缝里袋嵌线

第三步：缉缝里子。将里子从里袋位处剪开，上下里各扣 1 cm，里子在上层上节口缉 0.1 cm，在下层（单层）下节里子口缉 0.1 cm，在下嵌线袋口处缉 0.1 cm 明线（见图 3-4-36）。

第四步：缉缝袋布。缉缝大小袋布，应先在带有袋垫里的袋布上口处留出 2 cm，放在面料下面，再在中间加上 2 cm 长的纽襻缉缝，袋口两头分缝 0.3 cm 的结子（见图 3-4-37），最后将里袋布三边兜缉。

第五步：缉缝省缝。将里的腋下省和腰省缉缝好，向后烫顺。

图 3-4-36　缉缝里子

图 3-4-37　缉缝袋布

2）缉过面。

将做好的里袋前身里与过面相对，注意两里袋要高低一致，有层次，线路顺直，大襟里比里襟里窄 1 cm。看里缉缝，下端留放 2 cm，袋口处分缝，其他部位侧缝。

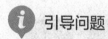 引导问题

（1）缝制双嵌线贴袋时，在嵌条固定好之后，将袋口剪开，翻折熨烫后，需要按照如图 3-4-38 所示固定三角。请问为什么在封三角时要贴齐翻折线，既不能缉在折线上，也不能远离折线？

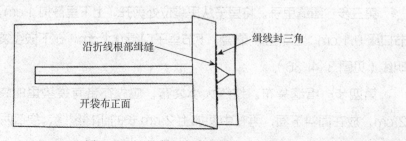

图 3-4-38　缝制双嵌线口袋

_____

_____

（2）为什么垫袋布和嵌线的长度都比口袋布的宽度短 1 cm？可以一样长吗？为什么？

_____

_____

_____

💬 讨论

请在教师的示范指导下，完成双嵌线贴袋的车缝与整烫，并独立回答以下问题。

（1）开袋之前，为什么要将口袋布用手缝针搋缝或用平缝机通过大针距固定在开袋布的反面？应在什么位置固定线？

_____

_____

_____

（2）平缝机的针距应如何调节？

_____

_____

_____

（3）缉缝嵌线时，两端是否要打倒回针？为什么口袋布要略紧？

_____

_____

_____

（10）过面与止口的处理。

1）敷过面。

将过面与大身衣片摆平，使服装各部位符合要求，里袋高低一致。胸部、腰部及腰节以下过面较松，一般吃量为 0.7~1 cm，但要根据面料的厚度及性能适当调整。过面上端和下端要适当紧一点儿，以免止口翻过之后出现外翘或倒吐的现象。

2）缉缝过面。

沿衬布边缘 0.2 cm 处，从领嘴处缉至下摆过面宽处，缉缝嵌条，要求线略顺直，过面吃势准确。

3）修止口。

拆除扎线，修止口缝份，大身缝份留 0.3 cm，过面留 0.8 cm。再扳止口，将止口修成梯形，并用扎线将缝头扳牢在衬布上，使止口平薄，止口定型，防止里出外进和止口倒吐（见图 3-4-39）。

图 3-4-39　修止口

4）翻止口、固定止口。

在领嘴距缝线 0.1 cm 处打剪口，然后将止口翻折，使过面倒吐 0.1 cm，再用扎线固定，并注意使上下角的窝势自然（见图 3-4-40 和图 3-4-41）。

图 3-4-40　翻止口

5）熨烫止口。

将止口熨烫平直，将前身下摆与大袋下边扣烫平行。

图 3-4-41　固定止口

6）叠过面、修剪衣里。

从正面用单线沿叠门线将过面固定，然后将里掀起，顺其缝份，将过面叠牢在衬布上，要求线松紧适合，前衣片有胖势起伏。最后将里以大身为基础剪齐，袖窿翘处留放 0.5 cm，以适应摆缝的拉伸。

（11）缉缝、分烫侧缝与扣烫下摆。

1）缉缝侧缝。

侧缝的缉缝效果对后身的平服效果影响很大，因此缉缝时应按缝份要求看后身，保持线路顺直进行缝合，缉缝时不吃不赶，腰节各部位对准，确保后身造型整齐。

2）分烫侧缝，扣烫下摆。

侧缝的分烫是对后身进一步的造型处理。根据中山装的造型需要，将侧缝摆直，分烫平顺。分烫时注意先略归烫上腰、中腰和中腰以下，然后再进行一次后衣片的归烫，使其充分定型，并扣烫下摆（见图 3-4-42 和图 3-4-43）。

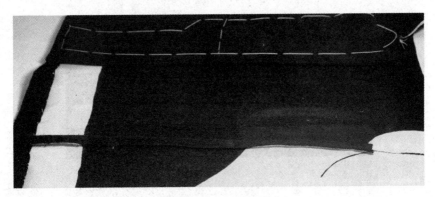

图 3-4-42　分烫侧缝

图 3-4-43　扣烫下摆

（12）缉缝后背里。

按缝份要求缉后中缝和侧缝，对准腰节，缉缝时不吃不赶。侧缝缝头缝份向中心倒缝，眼皮量为 0.3 cm。中腰以上的后中缝眼皮量为 1 cm（这一步的目的是留出人体背部的活动量），中腰以下眼皮量为 0.3 cm。

（13）缉缝下摆里。

修剪下摆里，里与下摆面剪齐。缝份为 1 cm，侧缝对齐。眼皮量为 1 cm，里距离底边 2 cm。两端用手缝针扦缝，固定下摆里。叠侧缝，针距为 5 cm，上下各留 8 cm 左右，里面松紧适宜（见图 3-4-44 和图 3-4-45）。

图 3-4-44　缉缝下摆里

图 3-4-45　手缝针扦缝固定下摆里

（14）核实袖窿、肩缝里。

在制作中，里和面可能会发生一定的错位，需要对此进行调整，因此此处要对袖窿、肩缝里进行核实。

（15）合肩缝面、肩缝里。

合肩缝面、肩缝里是肩部造型的关键，需根据前、后肩缝的吃势要求进行缝合，一般肩里的缝合不需要吃量（见图3-4-46）。

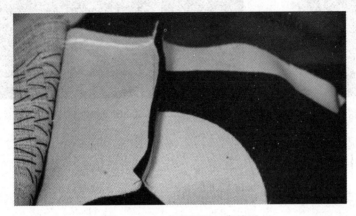

图3-4-46 合肩缝面、肩缝里

（16）熨烫肩缝、肩里。

肩缝的熨烫对肩部造型的形成起着关键性的作用。由领口处向袖窿按肩型弧线熨烫，肩缝不要拉伸。肩里向后倒缝，眼皮量为0.3 cm。叠肩缝，用单线，2 cm一针。用毛衬垫条固定肩缝处（见图3-4-47）。

图3-4-47 熨烫肩缝、肩里

（17）固定前衣片、领圈。

用单线把里和面绷在一起，注意将肩缝和后中心对齐。然后用倒勾针在距止口

0.5 cm 处将领口固定，防止领口拉伸。线迹要圆顺，这是绱领的依据（见图 3-4-48 和图 3-4-49）。

图 3-4-48　固定前衣片

图 3-4-49　固定领圈

 引导问题

（1）棉线的编号越大表示该棉线越粗还是越细？选择缝纫线时，应考虑哪些因素？

_____

_____

_____

_____

（2）在中山装敷过面的过程中，为什么要把过面叠牢在衬布上？

_____

_____

_____

_____

（3）成衣生产流程图是服装生产中不可缺少的文件资料，也是生产制造通知单中的重要组成部分。某服装公司的生产流程图如图 3-4-50 所示，请在教师指导下，识读该流程图，并填写流程图符号表（见表 3-4-4）。

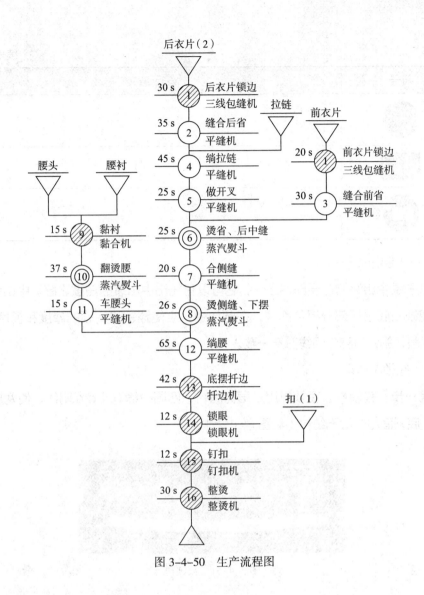

图 3-4-50 生产流程图

表 3-4-4 流程图符号表

符号	表示意义
▼	
●	
◎	

续表

符号	表示意义
⬤	
▮	
⬭	

（18）制作领子。

领子是中山装的重要部件之一，它可以衬托出中山装的庄重之感。中山装的领子由翻领和底领两部分组合而成，在制作中，应使翻领和底领的翘度和拥度适宜，领面平服，领尖对称，明线宽窄一致。

1）底领制作。

第一步：裁领衬。底领衬用双层树脂衬，四周缉缝 0.4 cm 明线，使两层成为一体。底领面粘一层无纺衬（见图 3-4-51）。

图 3-4-51　裁领衬

第二步：固定领钩。大襟一端固定领钩，底襟一端固定领襻。为了方便扣搭，应使领襻比领衬突出 0.1 cm，再把底领衬粘在底领面上（见图 3-4-52）。

图 3-4-52　固定领钩

第三步：扣烫底领面。将底领面两端和上口扣光，沿止口缉缝 0.4 cm 明线（见图 3-4-53）。

图 3-4-53　扣烫底领面

2）翻领的制作。

第一步：粘翻领衬。领面里粘一层无纺衬，并按样板剪好翻领衬，上口留 1 cm 缝份。再将翻领衬粘在领面里上，领尖处将领里略拉紧，保证领尖不外翻。四周留放 0.5 cm 缝份（见图 3-4-54）。

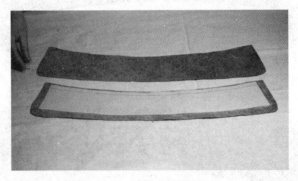

图 3-4-54　粘翻领衬

第二步：缉缝翻领。领衬在上，领面沿翻领三周缉缝，注意里外拥度（见图 3-4-55）。

图 3-4-55　缉缝翻领

第三步：翻烫翻领。将缝份扣顺，翻折后缉缝 0.4 cm 明线（见图 3-4-56）。

图 3-4-56　翻烫翻领

3）组合翻领和底领。

组合时两端和中心对齐剪口，保证领子左右对称。底领压翻领绲缝，距翻领折线 0.3 cm，绲缝 0.4 cm。肩缝处翻领略收拢，保证翻领和底领组合后自然服帖。组合后再进行熨烫，使领面和底领融为一体。压绲底领里，底领里上口扣折 1 cm，盖住绱底领的绲线，绲缝明线 0.1 cm，使肩缝处略紧，其他部位平绲（见图 3-4-57 和图 3-4-58）。

图 3-4-57　翻领和底领示意

图 3-4-58　组合翻领和底领

（19）组装衣身、领子。

领子的装配效果对领口和肩部的造型效果有很大影响，且直接影响中山装的整体造型。绱领时需对准肩缝和后中心剪口，以保证绱领的端正。然后撩领里，缲领里（见图 3-4-59 和图 3-4-60）。

图 3-4-59　组装衣身、领子

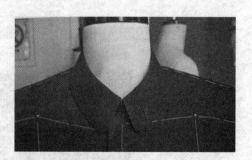

图 3-4-60　衣身、领子组装完成示意

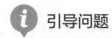 引导问题

（1）翻领缉线距领衬边缘一定要有约 0.2 cm 的距离，缉线时应将领面略带紧还是将领里略带紧？为什么？

_____

_____

_____

（2）底领与翻领进行组合时，两端和中心应对齐剪口，来保证领子的左右对称。底领压翻领缉缝时，为什么要距翻领折线 0.3 cm？

_____

_____

_____

（3）前衣片的缩率可能是由哪道工序造成的？

_____

_____

_____

💬 讨论

请在教师的指导下，完成中山装领子制作的质量检验，并独立填写中山装领子制作质量检验表（见表 3-4-5）。

表 3-4-5　　　　　　中山装领子制作质量检验表

评价项目	规定尺寸（cm）	误差	实测尺寸（cm）	是否合格
领围	41	±0.5		
后领宽	4	±0.2		
后底领高	3.3	±0.2		
领面缉线	0.4	0		
底领缉线	0.4、0.1	0		
线迹密度	19~21 针 /3 cm	2 针 /3 cm		
领子是否左右对称				

（20）制作袖子。

1）缉缝、熨烫袖里。

将袖里正面相对，上下比齐，按缝份大小进行缉缝，然后袖缝倒向大袖，眼皮量为 0.3 cm。

2）归拔前袖片。

为了使平面袖子裁片符合手臂的立体造型和手臂略向前弯曲的自然状态，要对袖片进行归拔处理。将前偏袖袖肘处向外拉伸，略归缩偏袖线上端 10 cm，使其与袖山吃势衔接自然。略归缩袖后缝袖肘和上部后偏袖，打造手臂的立体感。再将袖口弯翘拔开，使袖口翻折后平服，不归拔小袖片（见图 3-4-61 和图 3-4-62）。

3）制作袖开衩。

扣烫大袖口贴边，缝合大袖口贴边（见图 3-4-63 至图 3-4-65）。

图 3-4-61　归拔前袖片 1

图 3-4-62　归拔前袖片 2

图 3-4-63　制作袖开衩 1

图 3-4-64　制作袖开衩 2

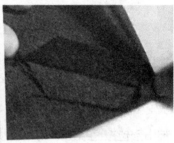

图 3-4-65　制作袖开衩 3

4）缝合、熨烫后袖缝。

缝合时不吃不赶，固定归拔部位，确保袖子造型。大袖开衩比小袖开衩长 0.2 cm。

5）缝合、熨烫前袖缝。

缝合时不吃不赶，固定归拔部位，对准剪口部位，确保袖子造型。扣烫袖口贴边。

6）缝合袖口里。

将袖里正面与袖面正面相对，环袖口缝合袖口，单线 2 cm 一针。撩侧缝，单线 4 cm 一针，要求袖缝对齐，不吃不赶（见图 3-4-66 和图 3-4-67）。

图 3-4-66　缝合袖口里 1

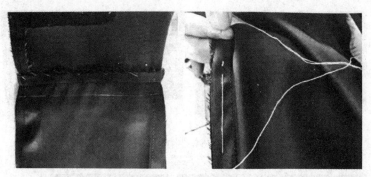

图 3-4-67　缝合袖口里 2

7）熨烫袖子、修剪袖里。

为了在里与面完全服帖的同时保持袖子的造型，必须进行整烫和修剪。按袖子造型进行熨烫，将前后袖缝熨烫平顺，将袖口、开衩熨烫平整、顺直。按袖山弧线修剪袖里，袖山部位按面放 0.5 cm，袖底放 2 cm。

8）处理袖山吃势。

按袖吃量大小收缩袖山，可用手拱和机缝两种做法处理袖山吃势。手拱吃势的做法为沿袖弧边缘 0.6 cm 用手拱针缝制，针距为 0.5 cm，再将其吃势在铁凳工具上熨烫圆顺。手拱吃势便于调整袖山吃势，但吃势不易固定且制作速度较慢。机缝吃势的做法为用 1 cm 宽斜条缩缝袖弧线，距袖山 0.7 cm。机缝吃势制作速度快且吃势均匀，但调整袖山吃势范围较小（见图 3-4-68）。

图 3-4-68　处理袖山吃势

袖山弧线的吃势要根据样板设计进行缩缝，一般为 2~3 cm。由于面料的薄厚不同，吃势也有所不同。较厚面料的吃势为 3 cm 左右，较薄面料的吃势为 2 cm 左右。袖山吃势应均匀、圆顺。

（21）绱袖子。

1）假缝袖子。

袖弧线进行吃势处理后所形成圆势应与袖窿圆势吻合。为了符合人体手臂状态和活动规律，绱袖时应略偏前。

一般先绱左袖，按袖子与袖窿对位标记进行假缝，检查袖子的前后位置和袖山，用白棉线缝合圆顺，然后以左袖为标准对右袖进行对位缝合，再检查袖子的前后位置、袖山圆度和袖子前后服帖程度。两只袖子应前后对称，以剪口为准，互差不超过 0.3 cm，偏袖线与大贴袋中心对齐，袖子的前后位置应根据穿着者的体形而定。

2）缝合袖子。

两袖绱好后按其缝份缉缝，缉双线使其牢固，然后将白棉线拆掉，将其圆势吻合熨烫。缝合袖子，要求不吃不赶、线迹圆顺（见图 3-4-69）。

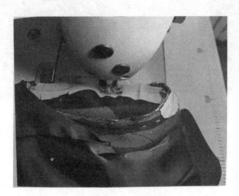

图 3-4-69　缝合袖子

3）缝合垫袖条。

垫袖条的作用是支撑袖山，使袖山形状更加饱满、圆顺。缝合要求不吃不赶，线迹圆顺（见图 3-4-70 和图 3-4-71）。

图 3-4-70　缝合垫袖条 1

图 3-4-71　缝合垫袖条 2

4）绱垫肩。

垫肩是衬托肩部造型的重要部件，可以支撑肩部造型，同时扩宽肩宽。垫肩的种类有很多，要根据服装设计要求和穿着者的肩型选择垫肩。垫肩分为前垫肩和后垫肩两种，一般前短后长。

绱垫肩时，将垫肩中心对准大身肩缝，置于大身衬和后衣片之间，比实际肩宽多放出 1~1.5 cm，用双线将垫肩固定在肩缝上，针距 1 cm。再用双线沿袖窿缉线，将其绷缝至袖窿缝份上，针距 1 cm，要求线松紧适宜，拥势自然。最后将垫肩前侧与前身衬固定（见图 3-4-72）。

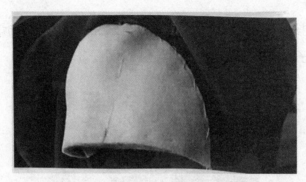

图 3-4-72　绱垫肩

5）搂肩缝和大身。

垫肩绱好后，将肩缝里沿搂至垫肩上，将袖窿里双线绷至袖窿缝份上，针距 2 cm，注意对准面与里的缝份以及面与里的里外拥度（见图 3-4-73）。

6）缲袖山里。

先把袖里沿袖窿暗缲一圈，袖里缝份要与袖子缝份对准，并压过缝线 0.3 cm，袖山里的收缩量要均匀。然后缲袖山里，从外向里缲，要求每 3 cm 缲 10~12 针，显露针迹要小，针距要均匀，从外向里，针脚要整齐、均匀、平顺（见图 3-4-74）。

图 3-4-73　搂肩缝和大身

图 3-4-74　缲袖山里

7）熨烫、定型。

熨烫、定型是中山装制作的最后一项工艺处理，对于中山装各部位的定型和弥补制作中的不足起着非常重要的作用。熨烫工艺可以促使服装达到美观、适体的效果。

熨烫、定型操作前必须先充分了解服装结构和各部位的组合原理，了解面料的耐热度，操作时两手熟练配合，精确操作，使用推、拉等操作方法，充分展现服装造型的特色和设计效果。

中山装的熨烫要有次序，以免重复和漏烫，影响成品质量。整烫前应先将线头清理干净。熨烫正面需垫烫布进行，肩部、袖窿、胸部、腰部、臀部、底边等处需要在烫馒头和铁凳上熨烫，以保证其造型自然、平顺。

熨烫的一般顺序为：烫袖窿、肩头、领围→烫胸部小贴袋→烫腰节→烫臀围→烫大贴袋→烫摆缝、后背→烫过面、止口→烫底边→烫里子→烫领子、除亮光。

ⓘ 引导问题

（1）为什么圆装袖中常有袖衩？袖衩的长度一般是多少？

_____

_____

（2）西装袖的袖衩一般钉几粒扣？扣位是如何确定的？

_____

_____

（3）缝制不同厚度的面料，应选择合适号码的缝纫机针。不同号码的缝纫机针分别适用于哪些面料？请同学们进行小组讨论，并填写各类面料的缝纫机针匹配表（见表3-4-6）。

表3-4-6　　　　　　　　各类面料的缝纫机针匹配表

缝纫机针	适用面料
5号	
7~8号	
9~10号	

续表

缝纫机针	适用面料
11~12 号	
13~14 号	
15 号	

 讨论

请参照图 3-4-75 中已打好线丁的大、小袖片，画出大、小袖片的熨烫归拔图，并说出归拔时的注意要点。

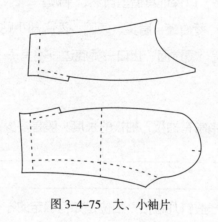

图 3-4-75　大、小袖片

_____

_____

_____

_____

（22）处理扣眼。

1）确定扣眼位。

中山装纽扣的扣眼位较为特殊，最上方的第一个扣眼位在领下缘线下 2 cm，第二个扣眼位与小贴袋上口对齐，最下面的第五个扣眼位与大贴袋上口对齐。其余扣眼位在第二个和第五个之间均匀分配。这就要求在确定大、小贴袋位时，就要考虑扣眼位的分配。扣眼前端的位置应距门襟止口 2 cm。

2）锁眼。

锁眼可采用机器锁或手工锁两种方法，此处采用手工锁的方法。

将确定好的扣眼位剪开，在门襟一端剪成圆形，目的是预留符合纽扣厚度的空隙。然后进行锁眼。锁眼的针法如下所示。

针法：锁眼前，先在扣眼的周围拉上一条线，其作用是使锁好的扣眼直立美观。锁眼时用左手捏住扣眼的尾部开始起针，锁眼一般沿顺时针方向进行，以符合要求为准。第一针将线结缝入两层的中层，针从扣眼底层向上挑缝。第一针缝出的针头先不拔出，用右手将针尾的线由下向上绕在针上，然后将针拔出，随即拉线，使线套在眼口上打成线结。按上述操作顺序向前，缝至圆头时，锁针和拉线必须对准圆心，拉线略抬高，这样才能保持圆度整齐好看。

手工锁眼的针法要求为针距均匀，起针宽窄一致，锁到尾部时，要与起针对齐，来回缝两针，再将针从中间拔出，把针插入尾部的反面，打上线针，引入料内，形成扣眼。

（23）处理纽扣。

钉扣是整烫完成后进行的操作。扣子包括实用扣和装饰扣两种，因为实用扣要与扣眼结合使用，所以扣底下的线要有线柱，以适应面料的厚度，使其扣好后保持平服。装饰扣只起造型装饰作用，因此钉扣的线要松紧适宜，使扣子保持牢固。

1）确定扣位。

根据扣眼位，纽扣钉钉在右搭门线上，袖扣、袋盖扣位位置如图 3-4-76 所示。

图 3-4-76　中山装扣位

2）钉扣。

大身扣、袋盖、里袋扣为实用扣，袖扣为装饰扣。钉扣的针法如下所示。

第一针把线结引入两层料的中间，开始钉扣，一般用锁眼线缝4针，四上四下，线要稍松些。然后把线穿入扣背面，由上向下绕扣，一般绕四次左右，使扣脚高低适宜。然后将针缝出反面，打上线结，将线引入料内，线脚要紧凑。

📄 **小贴士**

中山装的最初款式为立领、前门襟，有9粒明扣，4个压片口袋，背面有后过肩、暗褶式背缝和半腰带。随着时间推移，中山装逐渐演变为现在的款式：立翻领，有风纪扣，衣身三开片，前门襟，5粒明扣，4个贴袋，贴袋均有袋盖及1粒明扣，上为平贴袋，下为老虎袋，左右对称，左上袋的袋盖靠右线迹处留有约3 cm的钢笔口。

---

2. 技能训练

 实践

根据大袖袖衩角制作示意图（见图3-4-77），简述做大袖袖衩角的过程。

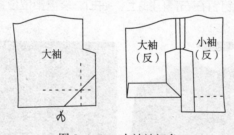

图3-4-77　大袖袖衩角

_____

_____

_____

3. 学习检验

（1）请同学们在教师的指导下，参照世界技能大赛评分标准，完成中山装缝制、熨烫质量检验，并独立填写中山装缝制、熨烫质量检验标准评分表（见表3-4-7）。

表 3-4-7　中山装缝制、熨烫质量检验标准评分表（参照世界技能大赛评分标准）

序号	考核内容		考核要点	配分	评分标准	扣分	得分
1	缝制	成品规格	1. 后衣长公差不超过 ±1.5 cm 2. 袖长公差不超过 ±0.8 cm 3. 胸围公差不超过 ±2 cm 4. 肩宽公差不超过 ±0.6 cm	4	全部符合要求得4分；1项不符扣1分，扣完为止		
		线迹密度	线迹密度 16~18针/3 cm	5	不符合规定扣5分		
		领子	绱领端正、整齐，缉线牢固；领窝圆顺、平服；领子左右对称、平服；领外口顺直；止口不外吐	15	1. 绱领不端正、不整齐，缉线不牢固扣1分 2. 领窝不圆顺、不平服扣1分 3. 领子左右不对称、不平服扣1分 4. 领外口不顺直扣1分 5. 止口外吐扣1分		
		袖子	两袖长短一致，袖口大小一致；袖子底边不起吊；袖缝顺直；袖开衩平服、美观；袖子圆顺，袖山吃势均匀、饱满；装袖前后位置准确、对称	16	1. 左右袖长互差大于0.5 cm扣1分，左右袖口大小互差大于0.3 cm扣1分 2. 袖口底边起吊扣1分 3. 袖缝不顺直扣1分 4. 袖开衩不平服、不美观扣1分 5. 袖子不圆顺，袖山吃势不均匀、不饱满扣1分 6. 装袖前后位置不准确、不对称扣1分		
		贴袋	贴袋平服、方正，松紧适宜；袋位准确；袋脚不起毛，袋口封结牢固、整齐	10	1. 贴袋不平服、不方正，松紧不适宜扣1分 2. 袋位不准确扣1分 3. 袋脚起毛，袋口封结不牢固、不整齐扣1分		

序号	考核内容		考核要点	配分	评分标准	扣分	得分
1	缝制	肩缝、背缝	肩部平服，肩缝顺直不后甩；两肩宽窄一致；后背平服，背缝顺直	10	1.肩部不平服，肩缝不顺直、后甩扣 0.5 分 2.两肩宽窄互差大于 0.4 cm 扣 0.5 分 3.后背不平服，背缝不顺直扣 1 分		
		省道、侧缝	省道顺直、平服，侧缝顺直、平服	5	1.省道不顺直、不平服扣 1 分 2.侧缝不顺直、不平服扣 1 分		
		前身下摆	前身摆角方正、平服，折边宽窄一致，底边扦针牢固	5	1.前身摆角不方正、不平服扣 1 分 2.折边宽窄互差大于 0.5 cm 扣 1 分 3.底边扦针不牢固扣 1 分		
		里子、过面	里子平服，松紧适宜；过面平服、顺直；止口部位里子不外吐	10	1.里子不平服，松紧不适宜扣 1 分 2.过面不平服、不顺直扣 1 分 3.止口部位里子外吐扣 1 分		
		纽扣位	左右两侧纽扣对称、一致，位置准确	5	1.左右两侧纽扣不对称、不一致扣 1 分 2.左右两侧纽扣位置不准确扣 1 分		
2	熨烫与整理	成衣	胸部饱满、挺括，位置适宜、对称；腰节清晰、平服；成衣整洁，无污渍、水花和极光；面、里无死线头、线丁、粉印线	15	1.胸部不饱满、不挺括，位置不适宜、不对称扣 1 分 2.腰节不清晰、不平服扣 1 分 3.成衣不整洁，表面有污渍、水花、极光扣 1 分 4.面、里有死线头、线丁、粉印线扣 1 分		
	合计得分			100			

（2）请同学们以小组为单位，填写设备使用记录表（见表3-4-8）。

表3-4-8 设备使用记录表

使用设备名称		是否正常使用	
		是	否，是如何处理的
裁剪设备			
缝制设备			
整烫设备			

引导评价、更正与完善

在教师讲评引导的基础上，对本阶段的学习活动成果进行自我评价和小组评价（100分制），然后根据评价结果用红笔对本阶段引导问题的回答进行更正和完善。

项目	类别	分数	项目	类别	分数
个人自评分	关键能力		小组评分	关键能力	
	专业能力			专业能力	

（四）成果展示与评价反馈

1. 知识学习

任务完成后，需要对任务成果进行展示和评价，并对评价做出相应反馈。

（1）展示的基本方法：平面展示法、人台展示法和其他展示法。

平面展示法是将成品平铺在工作台上进行展示的方法。

人台展示法是将成品穿在人台上进行展示的方法。

其他展示法主要包括真人穿着展示和衣架悬挂展示等。

（2）评价的基本方法：观察法、比对法等。

观察法是指通过肉眼观察判断成品品质的一种评价方法。

比对法是指将成品与同学们的成品进行比对，检测成品是否一致的一种评价方法。

> **小贴士**
>
> 　　领子不正、纽扣位不准产生的原因可能有下列七种：绱领时对位标记不准；领嘴不准确且前领弯长度不一致；翻领吃势不均匀且领口两端进出不一致；翻领、底领的缝合吃势大小不一致；翻领、底领的衬在前领口两端斜度大小不一致；缝合翻领、底领时，底领在翻领尖处距翻领衬的远近不一致；翻领、底领制作走样。
>
> 　　根据产生的原因，可对领子、纽扣位的问题进行有针对性的调整和修改。矫正方法有下列四种：将对位标记对准，领嘴大小修准；使翻领、底领缝合位均匀，在领口两端将底领对齐；使翻领两端吃势均匀，底领距翻衬 0.15 cm 左右；修正翻领、底领的衬两端斜度，使翘度适宜。

2. 技能训练

 实践

（1）将任务成果贴在黑板或白板上进行悬挂展示。

（2）依据表 3-4-7，对中山装缝制、熨烫成果进行自我评价和小组评价。

3. 学习检验

 引导问题

（1）在教师的指导下，小组内进行作品展示，然后经由小组讨论，推选出一组最佳作品，进行全班展示与评价，并由组长简要介绍推选的理由，小组其他成员做补充并记录。

　　小组最佳作品制作人：_____

　　推选理由：_____

　　其他小组评价意见：_____

_____

　　教师评价意见：_____

_____

（2）将本次学习活动中出现的问题及其产生的原因和解决的办法填写在问题分析及解决表（见表 3-4-9）中。

表 3-4-9　　　　　　　　问题分析及解决表

出现的问题	产生的原因	解决的办法
1.		
2.		
3.		
4.		

自我评价

就本次学习活动中自己最满意的地方和最不满意的地方各列举一点，并简要说明原因，然后完成学习活动考核评价表（见表3-4-10）的填写。

最满意的地方：_____

_____

最不满意的地方：_____

_____

表 3-4-10　　　　　　　学习活动考核评价表

学习活动名称：中山装缝制、熨烫

班级：　　　学号：　　　姓名：　　　指导教师：

评价项目	评价标准	评价依据	自我评价 10%	小组评价 20%	教师（企业）评价 70%	权重	得分小计	总分
关键能力	1. 能穿戴劳保服装，执行安全操作规程 2. 能参与小组讨论，制订计划，相互交流与评价 3. 能积极参与学习活动 4. 能清晰、准确表达，与相关人员进行有效沟通 5. 能清扫场地，清理机台，归置物品，填写设备使用记录表	1. 课堂表现 2. 工作页填写				40%		

表头说明：评价方式及权重

续表

评价项目	评价标准	评价依据	评价方式及权重			权重	得分小计	总分
			自我评价	小组评价	教师（企业）评价			
			10%	20%	70%			
专业能力	1.能分辨中山装的各部位裁片 2.能叙述中山装的制作流程 3.能够熟练、准确地缝制中山装，并对其进行熨烫整理 4.能按照企业标准或世界技能大赛评分标准对中山装缝制、熨烫成果进行检验，并进行展示	1.课堂表现 2.工作页填写 3.提交的成品质量				60%		
指导教师综合评价								
	指导教师签名：			日期：				

三、学习拓展

说明：本阶段学习拓展建议课时为 2~4 课时，要求学生在课后独立完成。教师可根据本校的教学需要和学生的实际情况，选择部分或全部进行实践，也可另行选择相关拓展内容。

拓展

（1）后背起吊产生的原因。

后背起吊产生的主要原因有以下三点。

1）后背上腰节配制过短。

2）后袖窿归烫不够，肩胛骨拔势不足。

3）后肩过高。

（2）后背起吊的矫正方法。

根据后背起吊产生的原因，可从以下三个方面进行矫正。

1）放长后背上节。

2）归足后背袖窿，拔伸肩胛骨。

3）拔伸中腰节，修正落肩高度与体形。

（3）袖子起吊产生的原因。

袖子起吊产生的主要原因有以下四点。

1）袖窿与大身袖窿不配套。

2）袖山高度不够。

3）袖山不对位。

4）袖山吃势不够。

（4）袖子起吊的矫正方法。

根据袖子吊产生的原因，可从以下两个方面进行矫正。

1）将袖山深线与大身袖深线修剪圆顺。

2）适当加大袖山吃势，对准袖对位标记。

📷 查询与收集

请同学们查阅相关学材，根据男性人体的特征，选择两种特体的体形，分析这两种体形穿着的中山装在制作中应注意的要点，并将其记录下来。

_____

_____

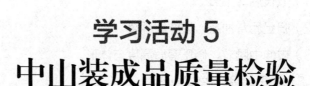

学习活动 5
中山装成品质量检验

🎯 学习目标

1. 能严格遵守工作制度，服从工作安排，按要求准备中山装成品质量检验所需的工具、设备、材料与各项工艺文件。

2. 能正确识读中山装成品质量检验的各项工艺文件，分析中山装的款式特点。

3. 能查阅相关技术资料，制订中山装成品质量检验的计划，并在教师的指导下，通过小组讨论做出决策。

4. 能按照企业标准（或参照世界技能大赛评分标准）对中山装制作的工艺要求和质量要求进行分析，并依据其要求修正相关问题。

5. 能记录中山装成品质量检验工作过程中的疑难点，在教师的指导下，通过小组讨论、合作探究或独立思考的方式提出妥善的问题解决办法，并在实践中解决问题。

6. 能展示、评价中山装成品质量检验各阶段的成果，并根据评价结果，做出相应反馈。

一、学习准备

1. 准备服装检验工作室中的检验设备与工具。

2. 准备劳保服装、安全操作规程、服装质量检验相关学材。

3. 划分学习小组（每组 5~6 人），将分组信息填写在小组编号表（见表 3-5-1）中。

表 3-5-1　　　　　　　　　　　　小组编号表

组号	组内成员及编号	组长姓名	组长编号	本人姓名	本人编号

 提示

　　请同学们自己检查一下，劳保服装有没有穿戴好？手机是否已经放入手机袋？请仔细阅读安全操作规程，将其要点摘录下来。

_____

_____

二、学习过程

（一）明确工作任务，获取相关信息

1. 知识学习

 引导问题

　　请同学们想一想，在企业服装成品质量检验过程中，抽样检验与全数检验的应用范围分别是什么？

_____

_____

 讨论

服装生产过程中的质量控制包括哪些内容？

_____

_____

 引导问题

　　请同学们根据常见的成衣检验要点对中山装成品质量进行分组检验，并把检验的结果填入中山装成品质量检验结果表（见表 3-5-2）中。

表 3-5-2 中山装成品质量检验结果表

检验要点	外观疵点	规格	经纬纱向	色差	缝制质量	熨烫质量
检验结果						

2. 学习检验

 引导问题

在教师的引导下，独立填写学习活动简要归纳表（见表 3-5-3）。

表 3-5-3 学习活动简要归纳表

本次学习活动的名称	
本次学习活动的主要目标	
本次学习活动的内容	
本次学习活动中实现难度较大的地方	

查询与收集

通过网络浏览或资料查阅，总结中山装成品质量检验的内容，并将其摘抄下来。

_____

_____

_____

_____

引导评价、更正与完善

在教师讲评引导的基础上，对本阶段的学习活动成果进行自我评价和小组评价（100 分制），然后根据评价结果用红笔对本阶段引导问题的回答进行更正和完善。

项目	类别	分数	项目	类别	分数
个人自评分	关键能力		小组评分	关键能力	
	专业能力			专业能力	

（二）制订中山装成品质量检验的计划并决策

1. 知识学习

学习制订计划的基本方法、内容和注意事项，重点围绕学习活动展开。

制订计划的参考意见：整个工作的内容和目标是什么？整个工作分几步实施？过程中要注意哪些问题？小组成员之间应如何配合？出现问题应如何处理？

2. 学习检验

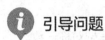 引导问题

（1）请简要写出你所在小组的工作计划。

_____

_____

（2）你在制订计划的过程中承担了哪些工作？有什么体会？

_____

_____

（3）教师对小组的计划给出了哪些修改建议？为什么？

_____

_____

（4）你认为计划中哪些地方比较难实施？为什么？你有什么想法？

_____

_____

（5）小组最终做出了什么决定？决定是如何做出的？

_____

_____

🔍 引导评价、更正与完善

在教师讲评引导的基础上，对本阶段的学习活动成果进行自我评价和小组评价（100分制），然后根据评价结果用红笔对本阶段引导问题的回答进行更正和完善。

项目	类别	分数	项目	类别	分数
个人自评分	关键能力		小组评分	关键能力	
	专业能力			专业能力	

（三）中山装成品质量检验的实施

1. 知识学习

（1）整体质量要求。

1）衣长、胸围、肩宽、袖长和领围五个方面的尺寸符合规格要求。

2）装领圆顺，外围服帖，前领角圆头大小适宜、高低对称。

3）肩头前后平服，肩缝圆顺，胸部饱满，省缝顺直，下胁势平服。

4）装袖圆顺，层势均匀，左、右两袖前后对称一致。

5）大、小袋口高低进出一致，大、小袋盖圆顺、平服，造型对称一致。

6）整件服装的止口均顺直、窝服，无长短、翻吐现象。

7）从夹里方面看，前、后衣片的夹里平服，层势适宜，里外服帖。

8）左、右两里袋的高低、大小一致，嵌线顺直，封口牢固，袋盖、商标部位正确。

9）袖里平服，有一定层势，无牵拉和松紧现象。明线止口针迹清晰，针码符合规定，线迹松紧匀称，正面不露针迹。整件服装无跳针、滞针、脱线或毛出等现象。

10）所有明线顺直，宽窄一致。

11）外形整洁美观，熨烫平服，无极光、水花、折痕、脏迹、烫黄、变色现象，无开线、丢活现象。

（2）缝制工艺要求。

1）针距要求。

机缝：缝明线 16~18 针 /3 cm，缝暗线 14~16 针 /3 cm。

手缲（底摆、领底、袖窿）：10~12 针 /3 cm。

纳衬：胸部行距 1 cm，下节 2.5 cm。

针扣、锁眼：12~14 针 /1 cm；针扣线路呈 "11" 字型，每眼 4 根线，线柱与面料厚度相适宜（装饰扣不绕线）。

2）明线要求。

止口明线宽 0.4 cm。底边止口明线缉至与大袋前底角平齐。大、小袋盖缉 0.4 cm，翻领面，底领明线宽 0.4 cm，小贴袋和大贴袋上口贴边缉 0.8 cm，小贴袋缉 0.4 cm。

3）材料的预缩要求。

面料（毛呢）：制作前进行预缩、定型。

里料：对有收缩的里料进行预缩。

衬料：充分预缩。

4）粘胶部位要求。

前身，过面，翻领面，底领，大、小袋盖面，翻领衬，止口，底边，袖窿部位均要粘胶。

（3）缝制质量要求。

中山装的缝制质量要求见表 3-5-4。

表 3-5-4　　　　　　　　　　中山装的缝制质量要求

部位	具体要求
领	领型对称，面、里、衬松紧适宜，绱领中正，外围服帖、圆顺，肩缝对准；两领尖形状互差不大于 0.2 cm；肩缝对位互差不大于 0.4 cm
前身	胸部饱满，面、里、衬松紧适宜，服帖，省缝顺直，前后高低互差不大于 0.4 cm；门襟止口平服顺直，不高不豁；大襟长于底襟 0.3 cm，袋盖大于贴袋 0.2~0.3 cm；袋与前身对条、对格，互差不大于 0.2 cm，前门襟止口条顺直，顺斜不大于 0.3 cm；横料对横，互差不大于 0.2 cm；纽扣与扣眼相对，位置准确，纽扣钉牢，底座硬挺，高度适宜
后身	平服、自然，左右对称，腰部圆顺，无斜绺，与前衣片侧缝结合处的侧缝对格互差不大于 0.3 cm
肩部	整体平服、自然，肩缝顺直，不背，两肩宽窄差不大于 0.4 cm
袖子	前后位置一致，互差不大于 0.4 cm，袖山圆顺、服帖、自然，有向前弯曲造型；条格顺直，左右对称，以袖山对剪口为准，互差不大于 0.5 cm，与大身对格互差不大于 0.4 cm，袖缝对格互差不大于 0.3 cm；袖口大小、袖开衩互差不大于 0.4 cm
明线	周身明线宽窄一致，互差不大于 0.1 cm，顺直清晰，松紧适宜
里	里与面平服，松紧适宜，无水花、污迹

ⓘ 引导问题

（1）在教师的指导下，试归纳服装领型的分类。中山装的领型属于哪一类？其特点是什么？

（2）在教师指导下，分组进行中山装成品质量检验。

（3）在教师指导下，分组进行中山装装袖质量要求的分析。

2. 技能训练

 实践

常见的成品质量检验过程及要点分别是什么？在服装生产过程中应如何控制成品质量？

3. 学习检验

（1）请同学们在教师的指导下，参照世界技能大赛评分标准，完成中山装的成品质量检验，并填写中山装成品质量检验表（见表3-5-5）。

表3-5-5　中山装成品质量检验表（参照世界技能大赛评分标准）

序号	考核内容		考核要点	配分	评分标准	扣分	得分
1	缝制	成品规格	1. 衣长公差不超过±1.5 cm 2. 袖长公差不超过±0.8 cm 3. 胸围公差不超过±2 cm 4. 肩宽公差不超过±0.6 cm	6	全部符合要求得6分，1项不符合扣1分		
		线迹密度	线迹密度为16~18针/3 cm	2	不符合规定扣2分		
		领子	绱领端正、整齐，缉线牢固；领窝圆顺、平服；领子左右对称、平服；止口不外吐	15	绱领不端正、不整齐，缉线不牢固扣1分；领窝不圆顺、不平服扣1分；领子左右不对称、不平服扣1分；止口外吐扣1分		

序号	考核内容		考核要点	配分	评分标准	扣分	得分
1	缝制	袖子	两袖长短一致，袖口大小一致；袖缝顺直；袖子底边不起吊；袖开衩平服、美观；袖子圆顺，袖山吃势均匀、饱满；装袖前后位置准确、对称	15	两袖长互差大于0.5 cm扣1分，两袖口大小互差大于0.3 cm扣1分；袖缝不顺直扣1分；袖口底边起吊扣1分；袖开衩不平服、不美观扣1分；绱袖不圆顺，袖山吃势不均匀、不饱满扣1分；装袖前后位置不准确、不对称扣1分		
		口袋	贴袋、袋盖平服、方正，明线美观；袋位准确；袋位左右对称，规格符合要求；嵌线宽窄一致，顺直，袋脚不起毛，袋口封结牢固、美观	10	贴袋、袋盖不平服、不方正，明线不美观扣1分；袋位不准确扣1分；袋位左右不对称扣1分，规格不符合要求扣1分；嵌线宽窄不一致、不顺直，袋脚起毛、袋口封结不牢固、不美观扣1分		
		肩缝、背缝	肩部圆顺、平服，肩缝顺直不后甩；两肩宽窄一致；后背平服，背缝顺直	6	肩部不圆顺、不平服，肩缝不顺直，后甩扣1分；两肩宽窄互差大于0.4 cm扣1分；后背不平服，背缝不顺直扣1分		
		省道、侧缝	省道顺直、平服，侧缝顺直、平服	5	省道不顺直、不平服扣1分，侧缝不顺直、不平服扣1分		
		前身下摆	前身摆角方正、平服，折边宽窄一致，底边扦针牢固	6	前身摆角不方正、不平服扣1分，折边宽窄互差大于0.5 cm扣1分，底边扦针不牢固扣1分		
		里子、过面	里子平服，松紧适宜；过面平服、顺直；止口部位里子不外吐	10	里子不平服，松紧不适宜扣1分；过面不平服、不顺直扣1分；止口部位里子外吐扣1分		
		扣位、眼位	纽扣缝制位置正确、牢固；扣眼位置正确，线迹美观	5	纽扣缝制位置不正确、不牢固扣1分；扣眼位置不正确、线迹不美观扣1分		

续表

序号	考核内容		考核要点	配分	评分标准	扣分	得分
2	熨烫与整理	成衣	胸部饱满、挺括，位置适宜、对称；腰节平服，不起裂；产品整洁，无污渍、水花和极光；面、里无死线头、线丁、粉印线	15	胸部不饱满、不挺括，位置不适宜、不对称扣1分；腰节不平服，起裂扣1分；表面有污渍、水花、极光扣1分；面、里有死线头、线丁、粉印线扣1分		
3	设备的维护、保养与调整		正确使用设备，操作安全规范；使用设备过程中如出现常规故障，能自行调整解决；设备使用完毕后，进行正确的保养和维护；操作结束后清理工作台，整理好物品	5	未能正确使用设备，操作不安全规范扣2分；使用设备过程中如出现常规故障，不能自行调整解决扣1分；设备使用完毕后，未能进行正确的保养和维护扣1分；操作结束后未能清理工作台，未能整理好物品扣1分		
	合计得分			100			

（2）请同学们以小组为单位，集中填写设备使用记录表（见表3-5-6）。

表3-5-6　　　　　　　　　　设备使用记录表

使用设备名称		是否正常使用	
		是	否，是如何处理的
裁剪设备			
缝制设备			
整烫设备			

引导评价、更正与完善

在教师讲评引导的基础上，对本阶段的学习活动成果进行自我评价和小组评价（100分制），然后根据评价结果用红笔对本阶段引导问题的回答进行更正和完善。

项目	类别	分数	项目	类别	分数
个人自评分	关键能力		小组评分	关键能力	
	专业能力			专业能力	

（四）成果展示与评价反馈

1. 知识学习

任务完成后，需要对任务成果进行展示和评价，并对评价做出相应反馈。

（1）展示的基本方法：平面展示法、人台展示法和其他展示法。

平面展示法是将成品平铺在工作台上进行展示的方法。

人台展示法是将成品穿在人台上进行展示的方法。

其他展示法主要包括真人穿着展示和衣架悬挂展示等。

（2）评价的基本方法：观察法、比对法等。

观察法是指通过肉眼观察判断成品品质的一种评价方法。

比对法是指将成品与同学们的成品进行比对，检测成品是否一致的一种评价方法。

2. 技能训练

 实践

（1）将成品穿在人台上进行展示。

（2）依据表3-5-4，对中山装成品质量检验进行自我评价和小组评价。

3. 学习检验

引导问题：

（1）在教师的指导下，小组内进行作品展示，然后经由小组讨论，推选出一组最佳作品，进行全班展示与评价，并由组长简要介绍推选的理由，小组其他成员做补充并记录。

小组最佳作品制作人：_____

推选理由：_____

其他小组评价意见：_____

_____

教师评价意见：_____

_____

（2）将本次学习活动中出现的问题及其产生的原因和解决的办法填写在问题分析及解决表（见表3-5-7）中。

表 3-5-7　　　　　　　　　问题分析及解决表

出现的问题	产生的原因	解决的办法
1.		
2.		
3.		
4.		

 自我评价

就本次学习活动中自己最满意的地方和最不满意的地方各列举一点，并简要说明原因，然后完成学习活动考核评价表（见表 3-5-8）的填写。

最满意的地方：_____

_____

最不满意的地方：_____

_____

表 3-5-8　　　　　　　　　学习活动考核评价表

学习活动名称：中山装成品质量检验

班级：　　　　学号：　　　　姓名：　　　　指导教师：

评价项目	评价标准	评价依据	评价方式及权重			权重	得分小计	总分
			自我评价	小组评价	教师（企业）评价			
			10%	20%	70%			
关键能力	1. 能穿戴劳保服装，执行安全操作规程 2. 能参与小组讨论，制订计划，相互交流与评价 3. 能积极参与学习活动 4. 能清晰、准确表达，与相关人员进行有效沟通 5. 能清扫场地，清理机台，归置物品，填写设备使用记录表	1. 课堂表现 2. 工作页填写				40%		

续表

评价项目	评价标准	评价依据	评价方式及权重			权重	得分小计	总分
			自我评价	小组评价	教师（企业）评价			
			10%	20%	70%			
专业能力	1. 专业地完成中山装制作 2. 掌握中山装的成品质量检验方法 3. 了解中山装的工艺要求 4. 能按照企业标准或世界技能大赛评分标准对服装的成品进行检验，并进行展示	1. 课堂表现 2. 工作页填写 3. 提交的成品质量				60%		
指导教师综合评价	指导教师签名：　　　　　　　　　　　　日期：							

三、学习拓展

说明：本阶段学习拓展建议课时为 2~4 课时，要求学生在课后独立完成。教师可根据本校的教学需要和学生的实际情况，选择部分或全部进行实践，也可另行选择相关拓展内容。

拓展

在洗涤中山装时，有以下两个要点需要注意。

（1）洗涤温度。

洗涤温度是指服装在水洗时洗涤用水的温度。洗涤温度的设置对服装水洗的效果影响很大，适度提高洗涤温度可以产生以下四个方面的作用。

1）能够提高洗涤剂的溶解度，增强其去污能力。

2）能够提高洗涤剂的增溶能力，从而提高其对污垢的溶解能力。

3）能够增强洗涤剂的乳化作用，使油污性污垢在高浓度洗涤剂的冲洗下很快被乳化并脱离织物表面。

4）能够使污垢和织物同时受热，从而使污垢和织物的分子运动速度加快，进而在高浓度洗涤剂的作用下，使污垢更容易脱离织物表面。

（2）洗涤时间。

根据织物面料的类别、质地、色泽不同，和受污染程度不同，洗涤时需要分别设置不同的洗涤时间。

织物遇水后，其强度和长度都会产生一定的变化。对遇水后伸长系数变化幅度较大，耐拉强度下降幅度较大的纤维面料，水洗时应尽量缩短洗涤时间，防止因洗涤时间过长而使织物遭受损伤。在水洗由质地不同的面料拼制的织物时，要以伸长系数变化幅度较大，耐拉强度下降幅度较大的面料为标准来确定洗涤时间。

引导问题

（1）在日常生活中，污渍的种类较多，请查阅资料并回答，咖啡渍、茶渍、果汁渍、墨水渍等这些污渍分别应该如何清洗干净？

_____

_____

（2）洗涤服装时，为什么要考虑水温、洗涤时间和洗涤压力？

_____

实践

请查阅资料，说出图 3-5-1 中洗涤标识分别代表的含义。

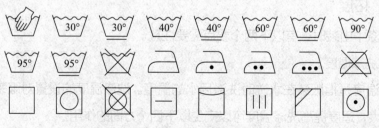

图 3-5-1 洗涤标识

_____

_____

查询与收集

请同学们通过查阅中山装的相关学材，了解中山装整理、洗涤与收藏的方法，并将其记录下来。

_____

_____